编程方法

BIANCHENG FANGFA

杨 桦 周春容 周 静 陈 斌 ◎ 编著

西南交通大学出版社
·成 都·

图书在版编目（CIP）数据

编程方法 / 杨桦等编著. —成都：西南交通大学出版社，2016.5
ISBN 978-7-5643-4531-0

Ⅰ. ①编… Ⅱ. ①杨… Ⅲ. ①程序设计 – 高等职业教育 – 教材 Ⅳ. ①TP311.1

中国版本图书馆 CIP 数据核字（2016）第 012225 号

编程方法

杨桦　周春容　周静　陈斌　编著

责任编辑	宋彦博
封面设计	何东琳设计工作室
出版发行	西南交通大学出版社 （四川省成都市二环路北一段 111 号 西南交通大学创新大厦 21 楼）
发行部电话	028-87600564　028-87600533
邮政编码	610031
网址	http://www.xnjdcbs.com
印刷	成都白马印务有限公司
成品尺寸	185 mm×230 mm
印张	15
字数	272 千
版次	2016 年 5 月第 1 版
印次	2016 年 5 月第 1 次
书号	ISBN 978-7-5643-4531-0
定价	58.00 元

前言

C 语言、Java 语言、C++语言是高职高专信息技术类专业所开设的必修课，对这些课程的学习关系到学生的思维习惯以及后续课程学习的深度、广度和有效性。但笔者在多年的教学过程中发现，许多学生在高中时期仅接触过计算机办公软件或者一些游戏、娱乐软件，对编程非常陌生，既缺乏编程的基本思维，又缺乏编程的规范意识，导致其对编程类课程兴趣不浓，学习效果差。为解决这一问题，我们编写了此书。

良好的编程思维对于学习程序设计的学生来说尤为重要。面对从未接触过编程的初学者，本书从现实生活中某个问题的解决方法和流程着手，从形象思维逐步过渡到抽象思维，以培养他们的编程思维，从而为其学习后续程序设计类课程奠定坚实的基础。

全书按照编程思维的认知递进过程，选择 Java 语言作为编程语言示例，分为“走进编程世界”“我的第一个程序”“编程基础知识”“程序流程控制思维训练”“查找和排序算法实例”“方法”“类和对象”等七个学习单元进行讲解。每个学习单元的内容重在对问题的分析和实现过程。同时，每个学习单元都配有相应的知识性考核题和操作性考核题，以便于学习者巩固所学内容。

参与本书编写的教师均为长期从事一线教学工作的专任教师，具有较强的教学研究和教学实施能力，教学效果好，所授课程深受学生喜欢。本书任务 1

由逯佳编著，任务 2、任务 3 由周静编著，任务 4、任务 5 由周春容编著，任务 6、任务 7 由杨桦编著，全书由陈斌教授主审。陈斌教授为本书的框架搭建和撰写思路提供了大力帮助与指导，并亲自参与部分案例的设计和代码实现工作。

限于时间和水平，书中难免有不妥之处，欢迎广大读者批评指正。

作　者

2015 年 10 月

目录

学习任务1 走进编程世界

编程是一件神奇而有趣的事。在编程的世界里，怎样让计算机模拟人的思维去解决现实的问题就是程序员要解决的问题。在本学习任务中，我们将引导你探索编程的奥秘，激发你对编程的兴趣，并指导你养成良好的编程思维与编码习惯。

学习目标

- 能用自己的语言描述程序的概念；
- 能用自己的语言描述编程方法的概念；
- 能将现实生活中的流程、方法等与编程世界联系起来；
- 能说出目前常见的几种编程语言和各自的特点；
- 具备正常的观察能力和逻辑推理能力。

1.1 什么是程序?

每年 9 月份是各高校新生报到的时间。绝大多数刚考上大学的学生对即将就读学校的报到流程不是特别清楚，如果在他们报到之前就清楚地告知他们进校后的报到流程，那么新生进校后就能按这一规定的流程顺利地完成报到注册。例如，某高校新生报到注册的流程如表 1-1 所示，根据这一流程，每位新生进校后按照图 1-1 所示的程序即可完成报到注册的过程。

表 1-1 新生报到流程

报到流程	办理部门	办理事项
1	新生报到处	新生凭录取通知书换取报到通知单；无录取通知书的新生，凭身份证补办录取通知书
2	缴费处	A．如果本次缴费金额为 0，则进入下一流程(即流程 3) B．如果本次缴费金额为正数，则应到缴费处缴费 C．如果本次缴费金额为负数，则由财务审计处在 9 月 20 日前，将多交款项退至学生银行卡上 注：通过银行代扣的缴费收据，于 9 月 25 日在各系辅导员处领取
3	各　系	核实新生身份
		建立学生档案
		转移党、团组织关系
		转移户籍关系
		填写高校学生及家庭情况调查表
		办理学生平安险
		安排班级和寝室，领取住宿安排通知单
4	学生工作部	领取军训服装
5	后勤管理处	领取卧具
		办理就餐卡(在第一食堂办理)
6	宿管中心	入住寝室(凭住宿安排通知单安排寝室)

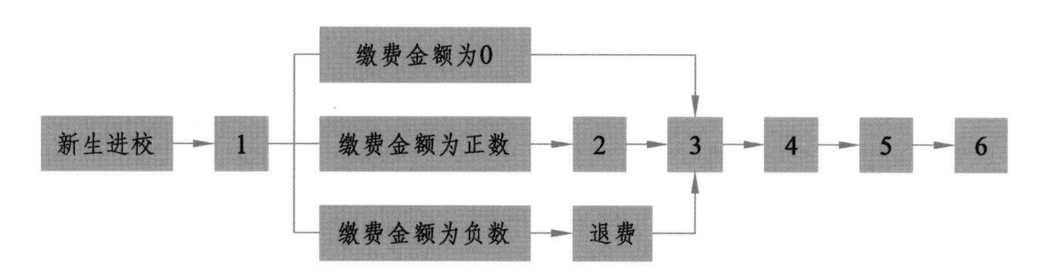

图 1-1　某高校新生进校报到注册的程序

可见，在日常生活中，人们要完成某件事，会按照一种既定的方式或流程去执行，可以把这种为了做某件事而做出的一系列动作的执行过程的描述称为程序。

在计算机世界中，为了让计算机完成一个或多个任务，需要向计算机发出计算机能识别的指令序列。这种告诉计算机如何完成具体任务的用某种计算机语言编写的指令序列被称作程序。由于计算机还不能理解人的自然语言，因此需要用程序设计语言去编写适合计算机执行的指令（语句）序列。例如，为了输出“新年快乐！”这句新年祝福语，不同的编程语言，将用不同的方式告诉计算机如何执行。

【例 1.1】 不同编程语言输出“新年快乐！”的语句。

```
C 语言：printf（“新年快乐！”）;
C++语言：cout<<“新年快乐！”;
Java 语言：System.out.println（“新年快乐！”）;
C#语言：System.Console.WriteLine（“新年快乐！”）;
```

由上可知，要完成同一个操作，可以选择不同的语言去实现，各个语言中的操作语句和语法规定有所不同。

关键概念

用某种计算机语言编写的能完成一系列操作的指令（语句）序列称为程序。

1.2 程序设计语言

1.2.1 什么是程序设计语言？

现实生活中，语言是人类最重要的交际工具。人与人之间可以选择双方都能听懂的语言进行交流，比如普通话、方言或者英语。

人与计算机之间的沟通需要借助计算机语言来完成。计算机语言就是一种人与计算机打交道的工具。而程序设计语言（programming language）是用于编写计算机程序，让计算机根据用户所编写的指令代码去执行相关操作的语言，通常也称为编程语言。

程序设计语言通常涉及语法、语义和语用三个方面。语法表示程序的结构或形式，也就是表示构成语言的各个指令序列之间的组合规律。语义表示程序的含义，即表示按照各种方法所表示的各个指令序列的特定含义，就是要执行的具体操作。语用则表示程序与用户之间的关系。

图 1-2 所示为 2015 年 3 月的编程语言排名前 20 位。由此可见，编程语言的种类繁多，各具特点，因其自身的优势，在不同的应用领域占有自己的一席位置。

Mar 2015	Mar 2014	Change	Programming Language	Ratings	Change
1	1		C	16.642%	-0.89%
2	2		Java	15.580%	-0.83%
3	3		Objective-C	6.688%	-5.45%
4	4		C++	6.636%	+0.32%
5	5		C#	4.923%	-0.65%
6	6		PHP	3.997%	+0.30%
7	9	^	JavaScript	3.629%	+1.73%
8	8		Python	2.614%	+0.59%
9	10	^	Visual Basic .NET	2.326%	+0.46%
10	-	^^	Visual Basic	1.949%	+1.95%
11	12	^	F#	1.510%	+0.29%
12	13	^	Perl	1.332%	+0.18%
13	15	^	Delphi/Object Pascal	1.154%	+0.27%
14	11	v	Transact-SQL	1.149%	-0.33%
15	21	^^	Pascal	1.092%	+0.41%
16	31	^^	ABAP	1.080%	+0.70%
17	19	^	PL/SQL	1.032%	+0.32%
18	14	vv	Ruby	1.030%	+0.06%
19	20	^	MATLAB	0.998%	+0.31%
20	45	^^	R	0.951%	+0.72%

图 1-2　2015 年 3 月编程语言排名前 20 位（数据来源：www.csdn.net）

1.2.2　编程语言的分类

编程语言的种类繁多，从与计算机硬件设备进行数据交换的密切程度来说，可以分为机器语言、汇编语言、高级语言三大类；如果按出现的时代划分，可以分为第一代语言（机器语言）、第二代语言（汇编语言）、第三代语言（编译语言）和第四代语言（简称4GL）四类。

1. 机器语言

计算机所能识别的语言只有由0和1组成的机器语言。机器语言可以直接对计算机的硬件（如寄存器等）发出操作指令，所以其执行效率很高。但是通常情况下，人们编写程序的时候不会选择难以记忆和识别的机器语言。

2. 汇编语言

汇编语言和机器语言的实质是相同的，都是直接对计算机硬件发出操作指令，只是汇编语言的指令采用了易于识别和记忆的标识符（英文缩写）。汇编语言程序需要程序设计者将每一步具体的操作用指令的形式写出来。汇编语言程序通常由指令、伪指令和宏指令三部分组成。汇编语言程序的每一个指令只能对应实际操作过程中的一个很细微的动作，例如移动、自增，因此汇编源程序一般比较冗长、复杂，容易出错，即其编程效率较低。

3. 高级语言

在图1-2中所看到的诸如C、C++、C#、Java、PHP等编程语言就属于高级语言，它们是目前绝大多数编程者的选择，因为它们可以将多条机器指令合成为单条指令代码，且指令代码易于识别、记忆和理解。相对于机器语言来说，其执行效率低，编程效率高。

用高级语言编写的程序不能直接被计算机识别，必须经过转换才能被执行。根据转换方式的不同，可将高级语言划分为解释型和编译型两类。

（1）解释型：其执行方式类似于我们日常生活中的“同步翻译”，即编写好的应用程序源代码被相应语言的解释器逐条“翻译”成目标代码（机器语言）后再执行，翻译一条执行一条，因此执行效率比较低，且不能生成可独立执行的可执行文件，即应用程序不能脱离其解释器运行。不过这种方式比较灵活，可以动态地调整、修改应用程序。Basic语言就是常见的解释型编程语言。

（2）编译型：用编译型语言编写的程序在执行之前有一个专门的编译过程，即把写好的程序源代码“翻译”成目标代码（机器语言）的文件，比如可执行的.exe 文件，以后要运行的话就不用重新翻译了，直接使用编译的结果（.exe 文件）即可。因为用编译型语言编写的程序在运行时不需要翻译，所以其执行效率高。但如果程序需要修改，则必须先修改源代码，经重新“翻译”后才能执行。目前大多数的编程语言都是编译型的，如 C、C++、C#等。

需要专门说明的是，Java 语言比较特殊，Java 程序也需要“翻译”，但并不是直接“翻译”为机器语言，而是“翻译”为我们称为字节码的.class 文件，然后再用解释方式执行字节码。图 1-3 展示了 Java 语言的编译及解释过程。

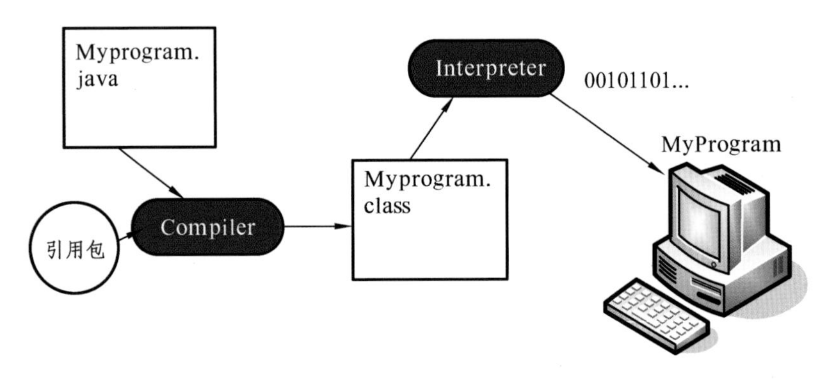

图 1-3　Java 语言的编译、解释过程

1.3　编程与编程方法

1. 什么是编程？

人与人之间的沟通可以利用大家都能懂的语言，从而使得双方明白对方的意图。然而如何让计算机也能够理解人的意图呢？如何让计算机按照人类解决某一问题的思路和方法去完成任务？或者说如何让计算机根据人的指令一步步地工作，达到最终的目的？这种人和计

算机之间进行交流的过程就是程序设计，也称为编程。从专业角度来说，编程就是为了让计算机解决某个问题，选择某种编程语言来编写程序代码，并最终得到结果的一个过程。

2. 什么是编程方法？

在《辞海》中，对“方法”的定义是“为达到某种目的而采取的途径、步骤、手段等”。所谓“编程方法”，就是为解决某一问题，选择一种恰当的程序设计语言（也称为编程语言），通过合理的语法结构编写出能让计算机识别、执行并产生一定结果的程序所采取的方式、步骤和手段。

对于同一个结果，可以选择不同的程序设计语言来实现。但是无论用什么程序设计语言，其逻辑思维方式是相似的，只是各自的语法结构、执行效率有所差异。

1.4　常见编程语言简介

不同的编程语言有着自身特定的语法规定和优势。在实际工作中，编程人员可根据语言自身的特点及用户需求选择恰当的编程语言进行软件系统的开发和设计。表1-2列出了常见编程语言的名称、特点、适用范围及开发案例。

表1-2　常见编程语言

编程语言	发布时间	特点	适用范围	开发案例
C语言	1973年	简洁紧凑、灵活方便，运算符和数据结构丰富，程序执行效率高	编写系统软件和嵌入式程序	PC-DOS、WORDSTAR、红绿灯控制程序
C++语言	1983年	面向对象，语言简洁，运行高效	开发性能要求较高的系统软件	MFC、QT、wx Widgets、游戏引擎
C#语言	2000年	语言简洁，快速应用开发，跨平台，与XML相融合	基于桌面或Web的应用程序	用友软件
Java语言	1995年	跨平台、可移植性强，安全性高，面向对象	基于Web的大型应用程序	淘宝网的底层系统

续表 1-2

编程语言	发布时间	特点	适用范围	开发案例
PHP 语言	1995 年	语法吸收了 C 语言、Java 和 Perl 的特点，易于学习，可更快地执行动态网页，跨平台性强，源代码开放	Web 开发领域	网络在线考试系统、物流配送系统
Android	2008	开放性，丰富的硬件选择	基于 Android 的移动应用开发	华为、三星手机的应用程序
Objective-c	1980	面向对象，单一继承	基于 iOS 的移动应用开发	iPhone、iPad 上的应用程序

1.5 编程思维

编程对初学者来说是很抽象、很难以理解的，因此对初学者进行编程逻辑思维的训练显得尤为重要。为了将一些传统的思维模式转变成编程思维模式，需要了解思维、逻辑思维等概念。

1.5.1 思维的概念解释

思维是人类大脑活动的过程，从哲学上讲它是人类对所看到的一些现象、事物进行分析、归纳、判断和推理的活动过程。根据思维的意识表现形态可将其分为形象思维和逻辑思维两类，如图 1-4 所示。从狭义上讲，从心理学的角度去考虑，思维专指逻辑思维，它是人们认知行为的一个理性认知过程。在逻辑思维中，需要用到定义、判断、推理、演算等思维方式，以及对比、分析、归纳、抽象、概括等方法。根据掌握和运用这些思维方式及方法的程度，可以判断出逻辑思维能力的高低。

编程思维是逻辑思维的一种。一般人从幼儿时期开始就具备了简单的逻辑思维能力，但并不意味着他们具有编程思维能力。通过上述内容可知，编程就是为了让计算机解决某个问题，选择某种编程语言来编写程序代码，并最终得到结果的一个过程。在编写程序的过程中所涉及的判断、推理、演算、比较、分析、归纳、抽象等方式和方法可以称为编程思维。

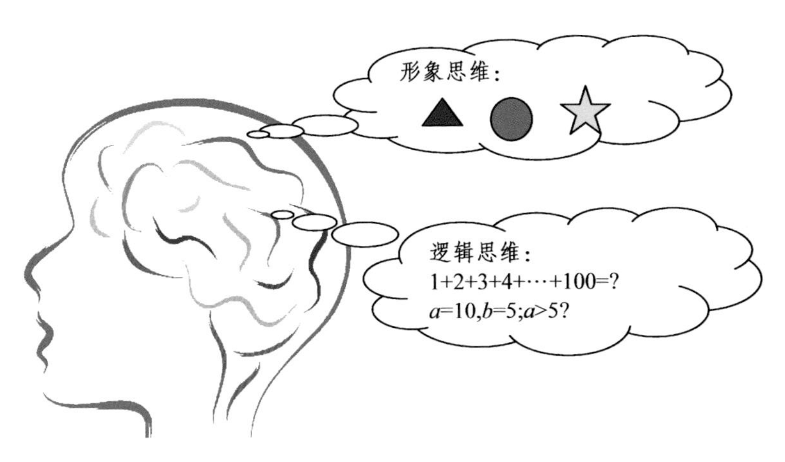

图 1-4　思维的分类

1.5.2　思维调查

本书作者对从没学过编程的同学做了初步的思维调查，让他们完成了以下 9 道逻辑思维题。

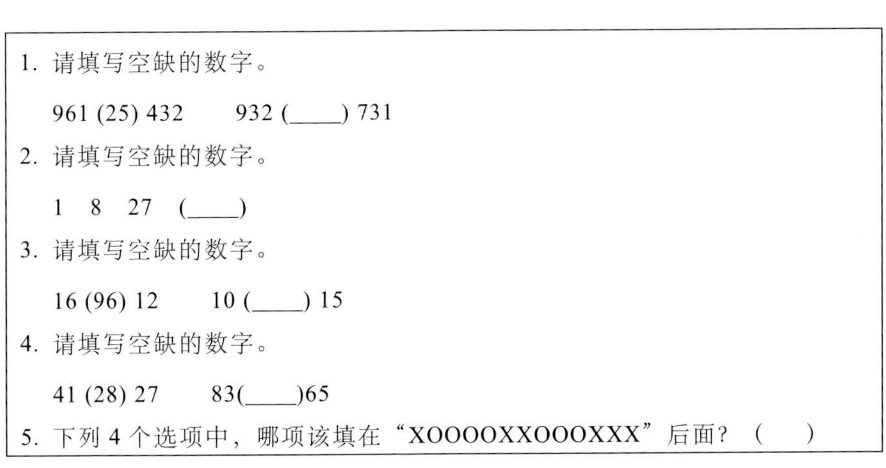

1. 请填写空缺的数字。

   961 (25) 432　　932 (____) 731

2. 请填写空缺的数字。

   1　8　27　(____)

3. 请填写空缺的数字。

   16 (96) 12　　10 (____) 15

4. 请填写空缺的数字。

   41 (28) 27　　83(____)65

5. 下列 4 个选项中，哪项该填在“XOOOOXXOOOXXX”后面？（　）

A. XOO　B. OOX　C. XOX　D. OXX

6. 请填写空缺的字母。

B　F　K　Q　(____)

7. 请填写空缺的字母。

C F I　D H L　E J (____)

8. 请填写空缺的数字。

2　8　14　20　(____)

9. 计算 1+2+3+4+…+100 的和。

上述 1 ~ 8 题是从观察、推理等方面考查学生的思维能力。通过对 46 名学生的考查发现，有 6 名学生的正确率为 100%，其余正确率所对应的学生人数如图 1-5 所示。从图中可知，绝大部分同学具备基本的逻辑推理能力。

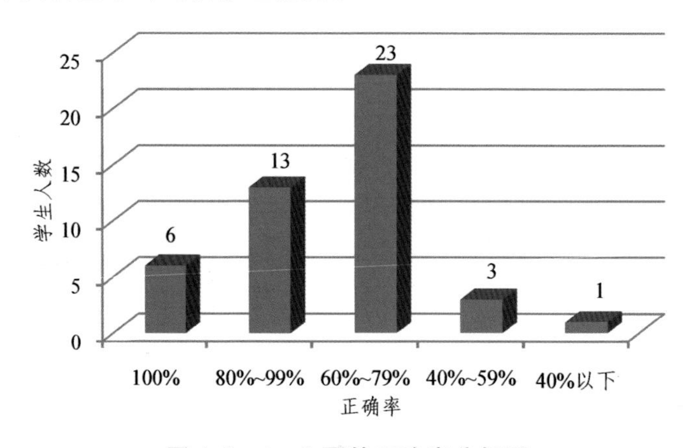

图 1-5　1 ~ 8 题的正确率分析图

但对第 9 道测试题，几乎没有学生能用编程的思想来解答，学生的回答主要集中在以下两种方式上。

方式一：用高斯算法，即分别将第一个数和最后一个数相加，类推 50 次，最后得到结果为（1+100）× 50= 5050。

方式二：借助计算器或 Excel 对 1 ~ 100 之间的整数进行相加，得到结果为 5050。

以上两种计算方式表明，学生都是用已有的数学思维方式来解决求和的问题。因为他们没有接触过程序设计，还不具备编程的思维能力，所以对编程世界中的思维方式还需要一个认知和熟悉的过程。

那么，如何从编程的角度来计算 1+2+3+4+…+100 的和呢？下面通过表 1-3 所展示的逻辑思维过程来看看编程世界中的逻辑推理。

假设有一个专门存放小球的大箱子，给它命名为 sum，还有一个代表小球个数的数据量 i。最初箱子里面一个球都没有，故 sum 为空值，小球的数据量 i 为 1。

表 1-3　小球叠加的逻辑思维过程

序号	箱子中所放入小球的变化	每次放入小球的个数(i)	箱子中总球数的变化(sum)
1	○	○	sum= 1
2	○+○○	○○	sum = 1+2 ↓ 原有 sum 中的值
3	○+○○+○○○	○○○	sum =1+2+3 ↓ 原有 sum 中的值
4	○+○○+○○○+○○○○	○○○○	sum = 1+2+3+4 ↓ 原有 sum 中的值
5	○+○○+○○○+○○○○+○○○○○	○○○○○	sum = 1+2+3+4+5 ↓ 原有 sum 中的值
…	○+○○+○○○+○○○○+○○○○○+…	…	…
100	○+○○+○○○+○○○○+○○○○○+…+100 个球	100 个球	sum = 1+2+3+4+5+…+100 ↓ 原有 sum 中的值

对表 1-3 中的演算过程进行归纳可以发现，每一次放入箱子中的小球数量较上一次多 1 个，即 i 的值每次以 1 在增加。根据这种推理，第 100 次放入 100 个小球时，sum 内球的个数正好与我们想要计算的 1+2+3+4+…+100 的值一致。从计算公式的角度考虑的话，每

次放入小球后，箱子中的小球总数可用“sum = sum +i”这个表达式来表示，也就是要重复执行 100 次“sum = sum +i”，其中 i 的值每次增加 1，才能求出最终箱子内小球的数量，即可求出“1+2+3+4+…+100”的值。要重复执行的操作，在编程中被称为“循环”。将上述分析用 Java 语言写成相应的程序代码，如示例代码 1.1 所示。

【示例代码 1.1】

```
/**
 * filename:Sum100.java
 * 求1+2+3+4+…+100的和，并将结果输出
 * @author Sally
 */
public class Sum100 {
    public static void main(String[] args) {
        int i = 1; //每次放入的小球个数（循环变量）
        int sum = 0;//存放小球的球筐（存放求和结果的变量）
        //==开始循环
        for (i=1;i<=100;i++){
            sum = sum +i;//每次放入小球后，筐内数量进行叠加
        }
        System.out.println("1+2+3+4+…+100="+sum);//输出结果
    }
}
```

执行上述代码后，在屏幕上看到的输出结果如下：

```
1+2+3+4+…+100=5050
```

由此可见，不是每个人生来就具有与编程世界的逻辑思维习惯相吻合的思维模式，要学好编程课程，需要从现实生活出发，慢慢理解编程世界中的变量存储、变量自加、循环控制、条件控制等逻辑思维方式，以便更好地学习程序设计语言，更快地进入编程角色。

为实现特定目标或者解决某个特定问题，运用程序设计语言编写的计算机指令或语句的集合称为程序，它实质上就是告诉计算机该怎样完

成一个个具体的任务。程序可以通过采用不同的编程语言去实现，具体采用何种编程语言应根据客户的要求和拟开发产品的性能需求确定。

通过对这部分内容的学习和实践,请填写表1-4,对自己的知识理解、学习和技能掌握情况做出评价（在相应的单元格内画“√”）。

表 1-4　自我评价

序号	学习目标	达到	基本达到	没有达到
1	知道程序就是为了完成某个操作任务而编写的指令集合			
2	能说出5种以上的编程语言			
3	能将编程思想与生产、生活实际相联系			
4	能按照任务要求,绘制出完成该任务的流程			
5	能按照题目的要求，找出内在的规律，正确完成算术逻辑推理题			

一、逻辑训练题

1. 有6只玻璃杯排成一行，前3只盛满了水，后3只是空的。要求只移动1只玻璃杯，就把盛满水的杯子和空杯子间隔起来，你会怎样做呢？

2. 有一口深32 m的井，井壁非常光滑。井底有只青蛙要往井外跳，但它每次最多能跳3 m且会往下滑2 m，那它要跳多少次才能跳出这口井呢？

3. 从逻辑的角度考虑，在后面的空格处填上相应的字母或数字。

（1）45,43,39,33,25, ______

（2）8, 6, 7, 5, 6, 4, _____

（3）1, 1, 2, 3, 5, _____

（4）1,2,4,8,16, _____

（5）A,C,F,J, _____

4. 参照表 1-3 的模式，完成 2+4+6+…+100 的逻辑推导，并推导出其求和的算术公式。

5. 根据市场调查与有关资料，绘制出汽车 4S 店保养和维修汽车的流程图。

6. 通过上网查找资料，绘制出制作奶昔的流程图。

二、选择题

1. Java 语言的执行模式是（　　）。

   A. 全编译型

   B. 全解释型

   C. 半编译和半解释型

   D. 同脚本语言的解释模式

2. Java 语言的特点不包括（　　）。

   A. 健壮型

   B. 安全性

   C. 性能低

   D. 解释型

3. Java 语言是 1995 年由（　　）公司发布的。

   A. Sun

   B. Microsoft

   C. Borland

   D. Fox Software

4. 下列（　　）不是虚拟机执行过程的特点。

   A. 双线程

   B. 多线程

   C. 动态链接

   D. 异常处理

5. Java 程序的执行过程中用到一套 JDK 工具，其中 javac.exe 指（　　）。

   A. Java 语言编译器

   B. Java 字节码解释器

   C. Java 文档生成器

   D. Java 类分解器

6. 在当前的 Java 实现中，每个编译单元就是一个以（　　）为后缀的文件。

A. java

B. class

C. doc

D. exe

7. Java 语言具有许多特点，下列哪个反映了 Java 程序并行机制的特点？（　　）

A. 安全性

B. 多线程

C. 跨平台

D. 可移植

8. Java 是面向（　　）的语言。

A. 机器

B. 过程

C. 对象

D. 事物

9. Java 解释器命令是（　　）。

A. java

B. javac

C. appletviewer

D. javadoc

10. 下列说法中不正确的是（　　）。

A. Java 语言会自动回收内存中的垃圾

B. Java 语言是面向对象、解释执行网络编程语言

C. Java 的类和接口都支持多继承

D. Java 语言具有可执行性，是与平台无关的编程语言

三、填空题

1. 编程语言分为______________、______________、______________三大类。

2. Java 类库具有_____________的特点，保证了软件的可移植性。

3. Java 既是一种编程语言，又是一个____________。

4. Java 语言中变量的作用域包括四种：______________、局部变量作用域、____________、__________________。

5. 若 $x = 5$，$y = 10$，则 $x < y$ 和 $x >= y$ 的逻辑值分别为______和______。

6. 面向对象程序设计的三大特征为：____________、____________和____________。

7. Java 字符使用______位的字符集，该字符集称为________。

8. 采用_________的程序设计原则，使程序结构清晰简单，设计容易，有助于软件可靠性的提高。

9. 请写出 SDK 的全称：____。

10. 请写出 OOP 的全称：____。

四、判断题

1. (　　) Java 是一种面向对象的语言。

2. (　　) Java 程序只能解释执行。

3. (　　) 使用 Java 编译器对源文件进行编译，得到源文件的字节码文件。

4. (　　) println ()和 print ( ) 没有区别。

5. (　　) 在 Java 语言中可以使用中文汉字给变量命名。

学习任务 2　我的第一个程序

本学习任务将以 Java 语言为例介绍程序的开发环境，要求学习者尝试编写自己的第一个程序，同时在编程的时候培养良好的编码习惯和思维习惯。

学习目标

- 能用两种以上 IDE 集成开发环境编写自己的第一个 Java 程序；
- 能运用三种不同的注释方式给程序添加注释；
- 能判断出编码风格良好的代码和编码风格较差的代码；
- 能迅速找到程序出错的原因，并予以修正。

2.1 编写我的第一个程序

请编写程序，实现在屏幕上输出一句“我爱编程!”。下面给出了分别用 Java、C、C++、C#语言编写的程序，请找出这四种编程语言的共同之处，并以 Java 语言为例，分析程序的执行流程。

Java 语言：

```
/**
 * filename:FirstCode.java
 * 我的第一个Java程序
 * @author Sally
 */
public class FirstCode {
    public static void main(String[] args) {
        System.out.println("我爱编程! ");
    }
}
```

C 语言：

```
#include <stdlib.h>
main(void)
{
    printf("我爱编程!\n");
}
```

C++语言：

```
#include
using namespace std;
int main() {
    cout << "我爱编程!" << endl;
    return 0;
}
```

C#语言：

```
class FirstApp {
    public static void Main() {
        System.Console.WriteLine("我爱编程!");
    }
}
```

将上述四段代码分别用相应的开发工具编译、执行后，得到的是同样的结果。对比四段代码后，发现：

（1）程序中都包含一个 main()方法，也称为 main 函数，它是程序运行时的入口，即程序开始的位置。

（2）在 main()方法中的语句，就是希望执行的输出语句。不同的编程语言，对输出语句的语法和格式要求各不相同。

无论是解释执行的语言，还是编译执行的语言，都需要相应的开发环境。现在大都选用集成开发环境来实现程序的编写及运行，以提高编写效率。例如，Java 程序可用 Eclipse、netBean 或 JBuilder 等开发工具编写，C 程序可用 Turbo C、VC++等开发工具编写，C++程序可用 VC++等开发工具编写，C#程序可用 Visual Studio 开发工具编写。下面以第一个 Java 程序的编写及运行为例，介绍 Eclipse 开发工具的用法。

1. 下载 Eclipse 软件

Eclipse 软件可从官方网站（http://www.eclipse.org/）下载。该软件是绿色软件，下载后无须安装，直接解压后就能使用，但前提是系统内应该已经装好了 JDK（Java 开发工具包）。下载并解压成功后，就能在文件解压后所在的位置看到 图标。

2. 启动 Eclipse 软件

直接双击 图标，即可启动 Eclipse 软件，随后出现如图 2-1 所示的工作区选择对话框。在该对话框中可设置保存 Java 程序的位置，然后点击“OK”按钮即可进入 Eclipse 工作界面，如图 2-2 所示。

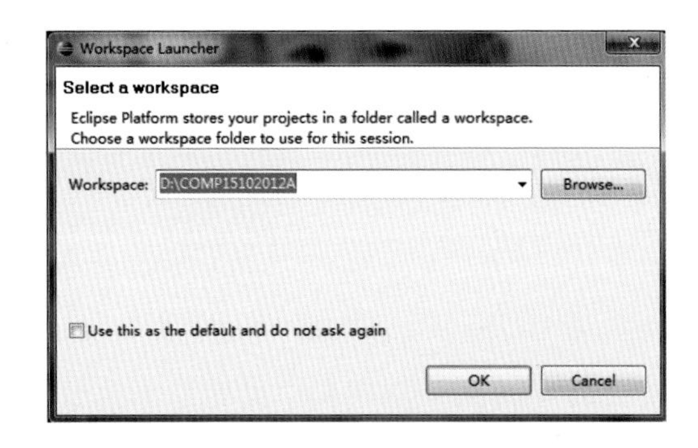

图 2-1 Eclipse 工作区选择对话框

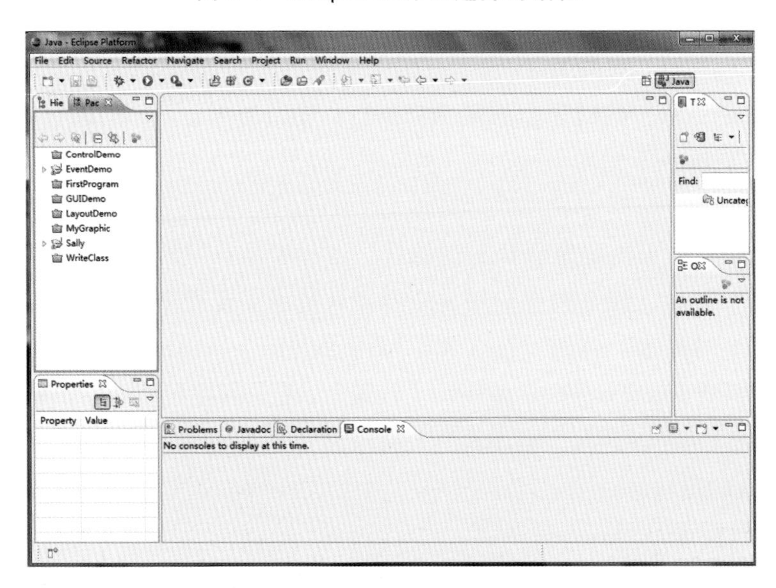

图 2-2 Eclipse 工作界面

3. 编写程序

（1）在图 2-2 所示的 Eclipse 工作界面中，选择“File”菜单下的“New”→“Java Project”，出现如图 2-3 所示的新建 Java 项目对话框。输入项目的名称，如“MyFirstProject”，然后点击“Finish”按钮，即可新建一个 Java 项目。

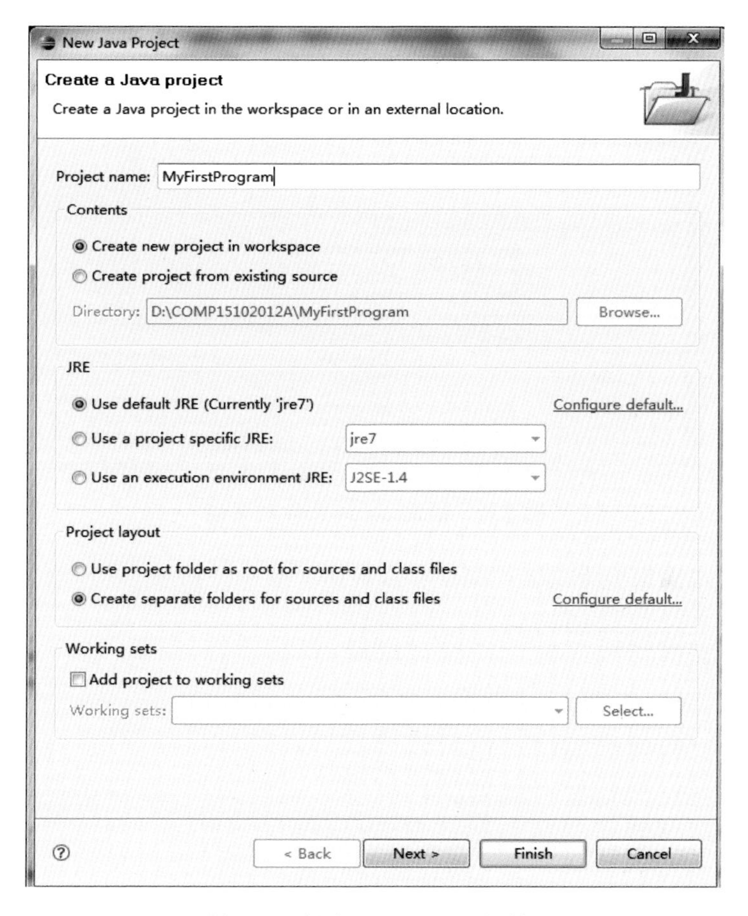

图 2-3　新建 Java 项目对话框

（2）一个 Java 项目建好后，在 Eclipse 工作界面左侧的“Package Explorer”视窗中可以看到所建的项目。找到“MyFirstProject”后，点击鼠标右键，在弹出的对话框中选择“New”→“class”，将弹出新建类（class）文件对话框，如图 2-4 所示。接下来在“Name”栏输入类名“FirstApp”，点击“Finish”按钮。

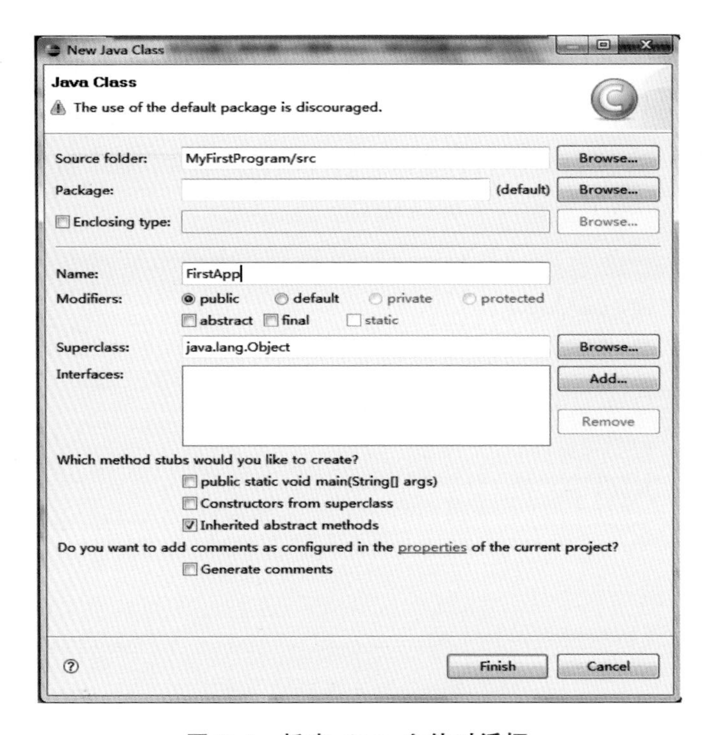

图 2-4　新建 class 文件对话框

（3）在 Eclipse 编辑区中录入代码，完成程序的编写，如图 2-5 所示。

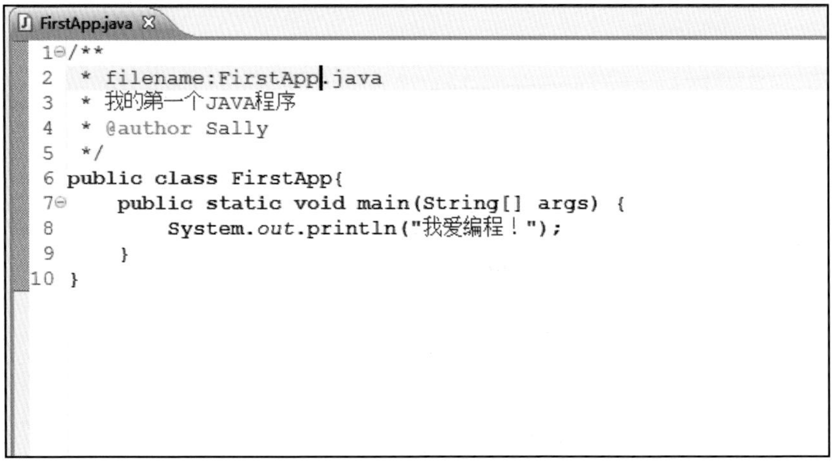

```
FirstApp.java
 1 /**
 2  * filename:FirstApp.java
 3  * 我的第一个JAVA程序
 4  * @author Sally
 5  */
 6 public class FirstApp{
 7     public static void main(String[] args) {
 8         System.out.println("我爱编程！");
 9     }
10 }
```

图 2-5　Eclipse 编辑区

（4）在输入代码的过程中，若无语法错误，则在图 2-5 所示编辑区左侧的蓝色区域不会出现红叉；如果有明显的语法错误，则蓝色区域会出现红叉，如图 2-6 所示。

```
FirstApp.java
 1 /**
 2  * filename:FirstApp.java
 3  * 我的第一个JAVA程序
 4  * @author Sally
 5  */
 6 public class FirstApp{
 7     public Static void main(String[] args) {
 8         System.out.println("我爱编程！");
 9     }
10 }
```

图 2-6　有语法错误时的显示

（5）若程序编写完成且无语法错误，可点击工具栏上的按钮或者按下快捷键“Ctrl+F11”运行程序。程序运行成功后，将在控制台视窗看到结果，如图 2-7 所示。至此，你的第一个 Java 程序已顺利完成。

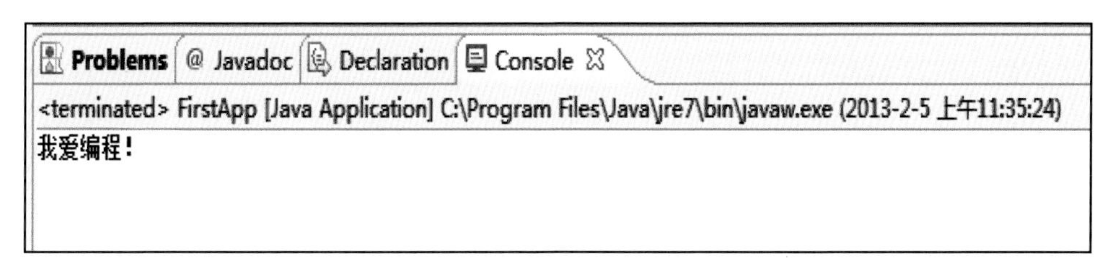

图 2-7　运行结果界面

1. Java 应用程序结构解析

Java 应用程序的结构如图 2-8 所示。

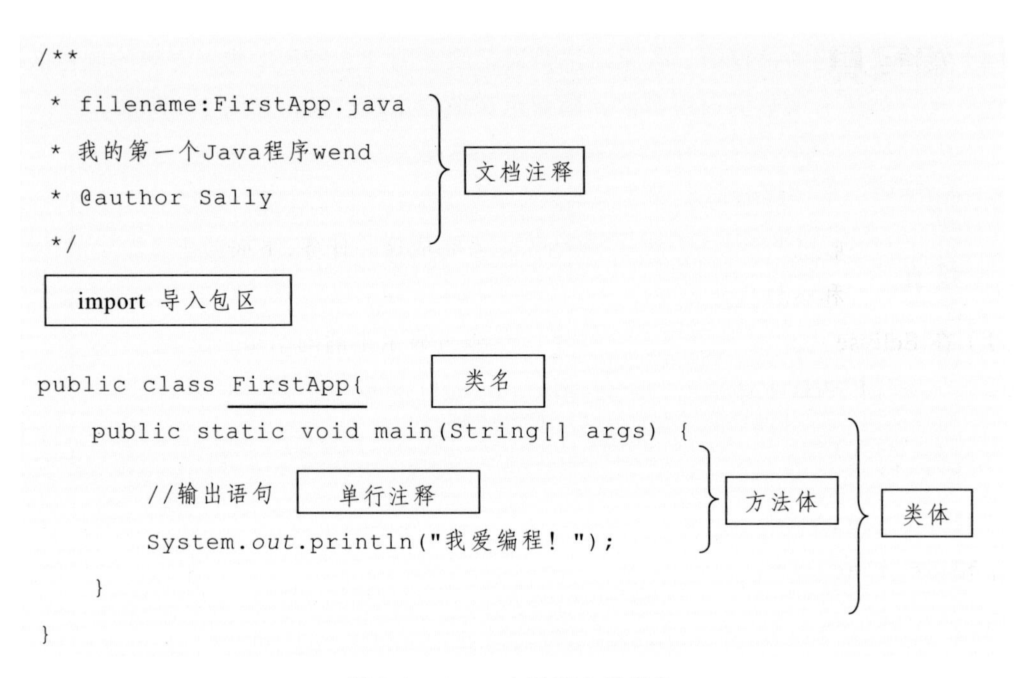

图 2-8 Java 应用程序的结构

若编写的 Java 程序中的类为“public”（公有类），则该类名应该与文件名完全一致，否则会出现语法错误。

2. 注释

程序中的注释犹如我们平时阅读的书籍中给出的脚注，其作用是让我们更容易地理解程序内容，而不会影响程序的运行流程及结果。不同的编程语言对注释的要求大致相同。注释可以出现在程序中的任何一个位置，它应该阐释清楚编写程序的目的及程序的处理流程。不过不同的编程语言中，注释的写法存在差异。Java 语言中有三种注释，分别是文档注释、块注释和单行注释。

（1）文档注释：用于描述程序的编写目的、作者、版本等信息，用“/**……*/”实现，如图 2-8 中所示。

（2）块注释：也称多行注释，可以同时对多行代码进行注释，用“/*……*/”实现。

（3）单行注释：用于对代码中的某条语句进行注释，主要介绍该语句的含义，用“//”实现，如图 2-8 中所示。

2.2　编写具有良好风格的代码

请编写程序，实现从键盘上接收一名学生的姓名和年龄，并将所接收的信息在屏幕上显示出来。为完成这一任务，下面给出了示例代码 2.1A 和示例代码 2.1B，要求：

（1）在 Eclipse 中输入并运行两段程序，看能否显示正确的结果；

（2）对比分析两段示例代码，找出编码风格良好的示例并解析原因。

【示例代码 2.1A】

```
import java.util.*;
public class CodeStyleA {
public static void main(String[] args) {
Scanner scan = new Scanner(System.in);
String a;
int b;
a = scan.next();
b = scan.nextInt();
System.out.println(a);
System.out.println(b);
}
}
```

【示例代码 2.1B】

```
/**
 * filename:CodeStyleB.java
 * 代码风格示例
 * @author Sally
 */
//==引入包==//
import java.util.*;
```

```
public class CodeStyleB {
    //==程序入口==//
    public static void main(String[] args) {
        //==变量声明==//
        Scanner scan = new Scanner(System.in); /*声明Scanner对象，
实现从键盘接收数据*/
        String stuName ; //学生姓名
        int stuAge;  //学生年龄
        //==信息接收==//
        System.out.println("请输入学生姓名: ");
        stuName = scan.next();  //接收姓名，存入stuName变量中
        System.out.println("请输入学生年龄:");
        stuAge = scan.nextInt(); //接收年龄，存入stuAge变量中
        //==信息输出==//
        System.out.println("姓名: "+stuName);
        System.out.println("年龄: "+stuAge);
    }
}
```

（1）在 Eclipse 中运行代码 2.1A，并从键盘上输入姓名“Sally”和年龄“27”后，看到的输出结果如图 2-9 所示。

```
<terminated> CodeStyleA [Java Application] C:\Program Files\Java\jre7\bin\javaw.exe
sally
27
sally
27
```

图 2-9　示例代码 2.1A 的运行结果

（2）在 Eclipse 中运行代码 2.1B，根据屏幕提示从键盘上输入姓名“Sally”和年龄“27”后，看到的输出结果如图 2-10 所示。

```
Problems  @ Javadoc  Declaration  Console
<terminated> CodeStyleB [Java Application] C:\Program Files\Java\jre7\bin\javaw.exe
请输入学生姓名:
sally
请输入学生年龄:
27
姓名: sally
年龄: 27
```

图 2-10　示例代码 2.1B 的运行结果

由此可以看出，两段代码执行后，如果输入相同的内容，其显示结果是一样的，说明两段代码的执行结果一致。但是两段代码的编码风格差异较大，通过对比之后会发现，代码 2.1B 虽然行数增多，但比代码 2.1A 更容易读懂。二者在编码风格上的详细对比如表 2-1 所示。

表 2-1 代码风格对比

比较项目	代码 2.1A	代码 2.2B	结论
注释	没有一处注释	给出了较多注释，包括文档注释、单行注释	恰当的注释可说明程序的执行过程，让程序更容易懂
代码缩进	没有代码缩进	采用了锯齿形的代码缩进风格	正确的代码缩进方式可让代码结构清晰、阅读轻松
变量命名	变量的命名虽采用了正确的标识符，但没有实际意义，不能根据变量名读出其内涵	采用了正确的标识符命名规则，变量名简单易懂，可根据其名读懂其内涵	变量的命名除了要采用规范的标识符外，还应具有一定的实际意义
程序交互性	毫无程序交互性	具有良好的程序交互性，用户可轻松地根据提示完成操作	恰当的程序交互可增强代码的可读性，还可让用户的操作更方便

通过上述两段代码的对比，大家很容易理解编写风格良好的代码对于编程人员来说是非常重要的，因为良好的编码风格不仅可增强代码的可读性，还能使编程人员具有更清晰的编程思维。在实际的编码过程中，编程人员应当采用代码 2.1B 这种使用了锯齿形代码缩进、注释随处可见、变量命名规范易懂、程序交互性好的编码风格。

2.3 Java 程序常见错误解析

初学者刚开始学习编程时，由于对编程语言的语法结构、要求还不是很熟悉，经常容易犯一些错误。下面通过案例列举出初学者最容易犯的几个典型错误，供大家借鉴。

示例代码 2.2 中存在几处明显的语法错误，请指出错误之处并进行修正。

【示例代码 2.2】

```
 1 /**
 2  *  Filename: Errors.java
 3  *  程序中常见的语法错误示例
 4  */
 5 #import java.util.Scanner;
 6 public class errors
 7 {
 8     public Static void main (String[] args)
 9     {
10         string Name; // 用户名
11         int number;   /数字
12         int numSq;
13         Scanner scan = new Scanner(System.in);
14         System.out.print ("Enter your name, please: ")
15         Name = scan.nextInt();
16         System.out.print ("What is your favorite number?);
17         number = scan.nextInt();
18         numSq = number * number;
19         System.out.println (Name ", the square of your number is "numSquared);
20     }
21 }
22
```

对示例代码 2.2 中几处错误的分析与修改如表 2-2 所示。

表 2-2　示例代码 2.2 的错误解析

代码出错行	错误提示	错误原因	错误修正
5	Syntax errors on token “Invalid Character”,delete this token.	出现了非法、无效的符号	删除多余的符号“#”
6	The public type errors must be defined in its own file.	errors 类为公有类，必须和它的文件名一致	将“errors”改为“Errors”
8	Syntax errors on token”Static”, tatic expected	Java 为大小写敏感的编程语言，此处认为 Static 是错误的符号	将“Static”改为“static”

续表 2-2

代码出错行	错误提示	错误原因	错误修正
10	string cannot be resolved to a type	不能识别 string 类型的数据，Java 中只有 String 字符串类	将“string”改为“String”
11	Syntax errors on token“/”	出现了错误的“/”符号，单行注释是“//”，而非“/”	将“/”改为“//”
14	Syntax errors, insert “;” to complete Statement	Java 中每句代码应该以“;”结束	在语句末尾加上“;”
15	Type mismatch: cannot convert int to String	等号左右两侧的数据类型不匹配，scan.nextInt()调用后返回的是 int 数据，而 Name 是 String 类型数据	将 scan.nextInt() 改为 scan.next()
16	String literal is not properly closed by a double-quote	字符串应该以双引号括起来	在输出结束的末尾把后引号“"”补上
19	Multiple marks at this line: -Syntax errors on token“”, the square of your number is “”,.expected -Name.numberSquared cannot be resolved or is not a filed	此行代码存在多处错误： -变量和字符串进行拼接时需要用“+”连接； -不能使用未声明的变量 numberSquared	-在 Name 之后使用一个“+”，在字符串结束后用一个“+”连接后一个变量； -将变量 numberSquared 改成事先声明过的 numSq 变量

根据表 2-2 的错误解析将每处错误改正后，运行该程序，将看到如图 2-11 所示的运行结果。

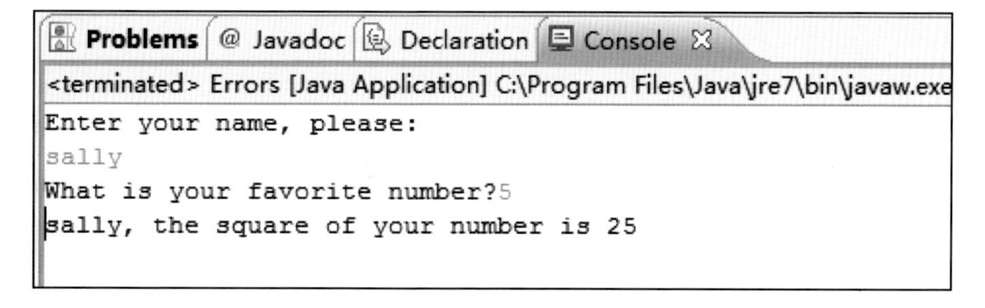

图 2-11　程序运行结果

每种编程语言都有特定的语法结构和要求，编程人员应严格遵守相应的语法规定。现将 Java 语言中重要的语法规定总结如下，以免初学者在后续的学习中再犯类似错误。

（1）Java 是对大小写敏感的编程语言，在编码过程中要严格区分大小写。例如，string 和 String 是两个不同的标识符：String 表示字符串类，string 只是一个普通的标识符而已。

（2）使用赋值运算符“=”时，要注意符号左右两侧的数据类型必须一致，当不一致时，需要经过数据类型转换后再进行赋值操作。

（3）每条语句应以“;”结束。

（4）代码中的所有符号，如分号、双引号、单引号均应为英文半角状态下输入的符号。

（5）变量和字符串进行拼接时，用字符串连接符号“+”进行连接。

（6）必须使用事先声明过的变量。

（7）当类为 public 时，其类名必须和文件名一致。

通过对这部分内容的学习和实践，请填写表 2-3，对自己的知识理解、学习和技能掌握情况做出评价（在相应的单元格内画“√”）。

表 2-3 自我评价

序号	学习目标	达到	基本达到	没有达到
1	能运用 Eclipse、JBuilder、netBean 等工具完成 Java 程序的编写与运行操作			
2	能列举至少 5 个 Java 初学者容易犯的错误			
3	能够独立完成第一个程序的编写、调试与运行			
4	能够在程序代码中灵活运用三种不同的注释方式			

一、选择题

1. 下列关于虚拟机的说法中错误的是（　　）。

   A. 虚拟机可以用软件实现

B. 虚拟机不可以用硬件实现

C. 字节码是虚拟机的机器码

D. 虚拟机把代码程序与各操作系统和硬件分开

2. 下面哪一项在 Java 中是非法的标识符？（　　）。

A. $user

B. point

C. You&me

D. _endline

3. 下列数据类型转换中，必须进行强制类型转换的是（　　）。

A. byte→int

B. short→long

C. float→double

D. int→char

4. 关于变量的作用范围，下列说法错误的是（　　）。

A. 异常处理参数的作用域为整个类

B. 局部变量作用于声明该变量的方法代码段

C. 类变量作用于声明该变量的类

D. 方法参数作用于传递到方法内代码段

5. 以下字符常量定义中不合法的是（　　）。

A. ‘@’

B. ‘&’

C. ‘K’

D. ‘整’

6. 定义类时，不可能用到的关键字是（　　）。

A. class

B. private

C. extends

D. public

7. 下列选项中，用于实现接口的关键字是（　　）。

A. interface

B. implements

C. abstract

D. class

8. 以下关于 Java 语言继承的说法中，错误的是（　　）。

A. Java 中的类可以有多个直接父类

B. 抽象类可以有子类

C. Java 中的接口支持多继承

D. 最终类不可以作为父类

9. 下列对数组的声明，哪些是有效的？（　　）

A. int prices = {20,30,21,34,45};

B. int[] scores = int[30];

C. int[] scores = new int[30];

D. char grades[] = {‘a’,’b’,’c’,’d’};

10. 下列关于变量作用域的描述中，不正确的一项是（　　）。

A. 变量属性是用来描述变量作用域的

B. 局部变量的作用域只能是它所在的方法的代码段

C. 类变量能在类的方法中声明

D. 类变量的作用域是整个类

二、填空题

1. 把类分包的作用有：____________________________、________________________、____。

2. Java 中文档注释用__________________实现，单行注释用_________________实现，块注释用________________________实现。

3. Java 中的标识符由_________、_________、_________组成。

4. 用 public 修饰的类称为_________。用 public 修饰的类成员称为公有成员。被说明为 public 的类可以被___________使用。如果 public 类文件与使用它的类文件不在同一目录中，需要通过_________语句引入。

5. Java 程序由_________组成，每个程序有一个主类，Java 程序文件名应与________类的名称相同。

三、判断题

1.（　　）Java 是对大小写敏感的编程语言。

2.（　　）Java 语言中，每条语句应以“;”结束。

3.（　　）Java 程序的文件名可以任意取。

4.（　　）只要机器上安装有 JVM，即可运行 Java 程序。

5.（　　）Java 程序中类为 public 时，则该类名应该与文件名完全一致。

6.（　　）字符$不能用作 Java 标识符的第一个字符。

7.（　　）Java 变量不经声明便可以直接使用。

四、实践操作题

1. 输入、编译并运行如下程序，按照要求对代码中的部分信息做出修改，并将修改后出现的错误提示信息记录下来。

```
/**
*filename:Program2.1.java
*功能：第一个程序
*/
public class Program2.1{
    //==程序入口==//
    public static void main(String[] args){
        System.out.println(“This is my first program!”);
    }
}
```

（1）将类名“Program2.1”改为“program2.1”。

错误提示：________________________________

（2）将“static”改为“Static”。

错误提示：________________________________

（3）将“System.*out*.println(“This is my first program!”);”这条语句中的最后一个双引号改为单引号。

错误提示：________________________________

（4）将“System.*out*.println(“This is my first program!”);”这条语句末尾的分号删去。

错误提示：________________

（5）将“main”改为“mian”。

错误提示：________________

（6）删去程序最后的花括号。

错误提示：________________

2. 编写一个程序，实现如下显示效果。

```
**      **      ********
**      **         **
**      **         **
** *** **          **
**      **         **
**      **         **
**      **      ********
```

3. 按要求编写程序，显示语句“I Love Programming”。

（1）在一行中显示，效果如下：

```
    I Love Programming
```

（2）分三行显示，每个词都相对居中，效果如下：

```
     I
    Love
Programming
```

（3）语句“I Love Programming”显示在由“=”和“*”组成的框里，效果如下：

```
====================
* I Love Programming *
====================
```

学习任务 3 编程基础知识

虽然不同的编程语言有着不同的语法规定，但是其编程的思维方式是相似的。本学习任务将对编程基础知识进行介绍，以帮助学习者加深对编程思维的理解。

学习目标

- 能解释数据存储在计算机编程中的作用；
- 能熟练地描述常见编程语言中的基本数据类型；
- 能正确区分变量和常量；
- 能正确运用变量和常量解决实际问题；
- 能在程序设计中选择恰当的表达式解决实际问题。

3.1 认识数据存储

人们在日常生活中经常会将某种事物或者某些信息存放或存储起来。例如：

（1）当我们口渴的时候，会用杯子等器皿盛水喝。

（2）很多人会将朋友、同事或其他常用联系人的电话号码存储在手机中，以方便联络。

（3）我们在平时的工作、学习中，会将有用的资料装在文件盒中，以便随时查阅。

（4）学校体育保管室中的篮球、排球、足球数量众多，为方便管理与使用，它们各自存放在不同的球筐中。

由此可见，一些我们生活和工作中常用到的事物、信息，需要用杯子、文件盒、球筐之类的容器进行存放，以便使用时进行存取。

人们在编写程序的时候，经常会用键盘录入数据等，或者用鼠标进行单击、双击的操作。这些操作所涉及的数据是如何存储在计算机中的？它们的存放方式和日常生活中数据存储的方式有无区别？

在编程的世界中，数据存储是指：将用户和计算机在交互过程中的信息以某种数据格式存储在计算机的内部或者外部存储介质上，以便今后要用到这些信息时可以很方便地进行读取。

3.2 数据类型

现实生活中，人们习惯根据一些特征对事物进行分类，比如：按年龄划分，人类可分为婴幼儿、少年、青年、中年人和老年人；学校安排教室的时候，上大班课需要安排大教室，上小班课需要安排小教室。我们随处可见诸如此类的分类和分配，因此，对类型可以做出这样的解释：具有共同特征的事物所形成的种类。

对类型的概念有所了解后，再来看看如图 3-1 所示的一种小孩子常玩的游戏：截面为不同形状的积木要通过与之形状相同的孔才能被放入积木桶中；如果想让一截面为矩形的物体通过圆形的孔，需要先将矩形转换为圆形，这就是“类型转换”。

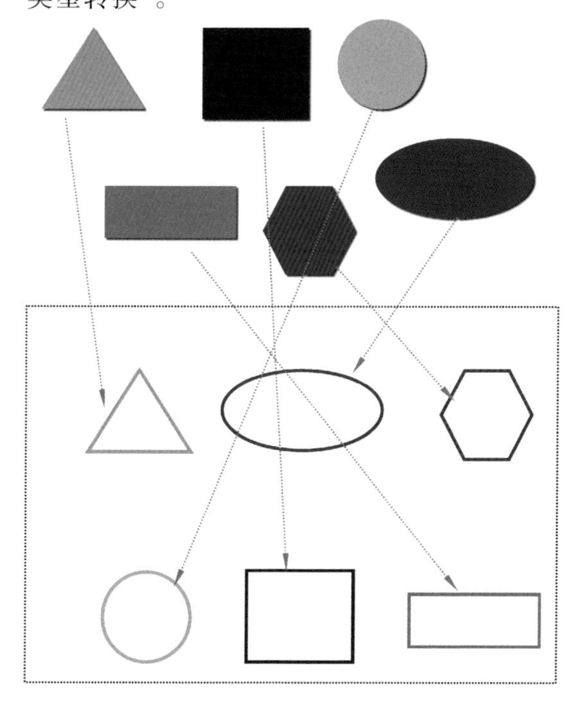

图 3-1　截面为不同形状的积木对应不同形状的孔

在编程语言中，数据类型指的就是数据在内存中的存储长度和所存储数据的类型规定。例如，某个存储变量声明为整数类型的，该变量空间就不能存放字符串类型的数据。编程语言中的基本存储单元是字节（byte）。通过图 3-2 可明白字节与位（bit）之间的关系。可见，1 个字节由 8 个位组成。

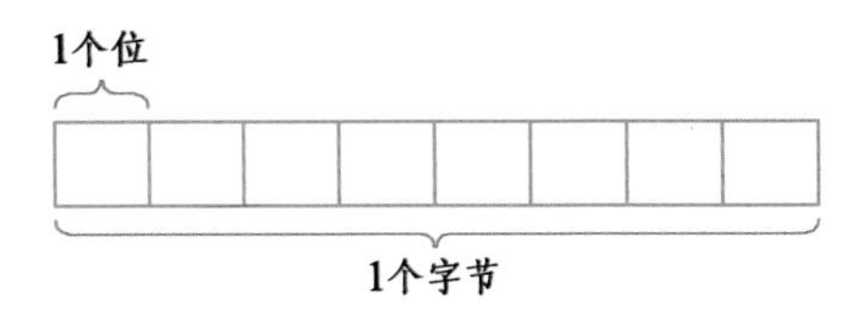

图 3-2　字节和位的关系

3.2.1　Java 中的数据类型

下面以 Java 语言为例介绍数据类型。Java 语言提供了两大类数据类型，一类是由 8 种类型构成的基本数据类型，一类是引用数据类型，如图 3-3 所示。值得提醒的是，与 C 语言中的数据类型不同，Java 语言中的整数类型都是带符号的，不存在无符号整数。

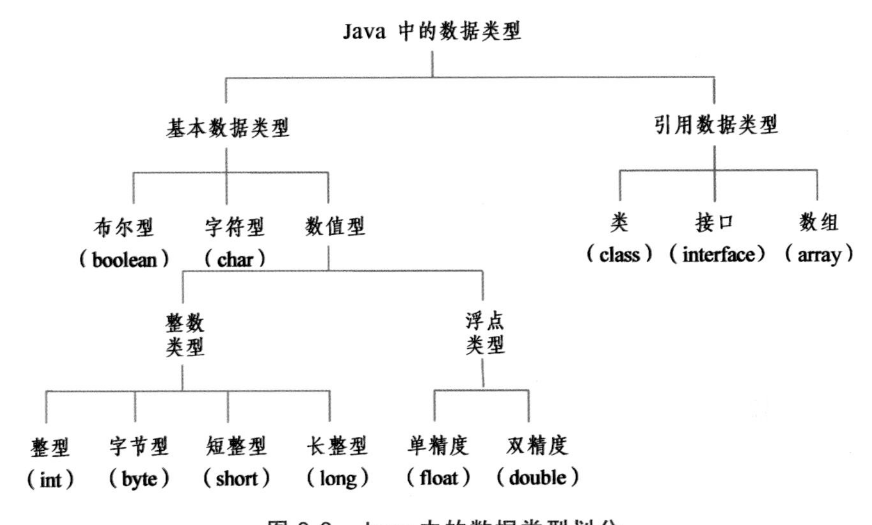

图 3-3　Java 中的数据类型划分

1. 数值型数据类型

6 种数值型数据类型所占字节数及其能够表示的数值范围如表 3-1 所示。

表 3-1 数值型数据类型所占字节数及其所表示的数值范围

数据类型	所占位数	所占字节数	最小值	最大值
byte	8	1	$-2^{7}(-128)$	$2^{7}-1(127)$
short	16	2	$-2^{15}(-32\ 768)$	$2^{15}-1(32767)$
int	32	4	$-2^{31}(2\ 147\ 483\ 648)$	$2^{31}-1(2\ 147\ 483\ 647)$
long	64	8	-2^{63}	$2^{63}-1$
float	32	4	-1.4×10^{45}	3.4028235×10^{38}
double	64	8	-4.9×10^{324}	$1.7976931348623157\times10^{308}$

2. 字符型数据类型

字符型数据类型是用单引号括起来的单个字符，如‘a’‘B’‘!’均是字符型数据。由于 1 个字符由 2 个字节组成，所以字符型数据所占的内存空间为 16 位，即 2 个字节。注意用双引号括起来的单个字符，如“a”“B”不是字符型数据，而是引用数据类型 String 字符串类的类类型数据。关于类类型数据将在后续的任务中学习。

3. 布尔型数据类型

布尔类型的数据用真(true)和假(false)两个值来表示，一般用于程序流程的控制。该类型的数据仅有“true”和“false”两个值，不能用数字 1 或 0 来表示条件的真或假。

3.2.2 转义字符

用 Java 语言编写一段代码，要求用一条输出语句实现在屏幕上输出以下信息：

```
Sally said:
   "Programming Method is one of my favorite course. "
```

【示例代码 3.1】

按照传统的思维方式，为实现上述信息的输出，初学者一般会写出如下代码：

```
 7 public class Zhuanyi {
 8⊖    public static void main(String[] args) {
 9         System.out.print("Sally said:");
10         System.out.println("  "+""Programming Method is one of my favorite course. "");
11     }
12 }
13 
```

很明显，在这段代码中用了两条输出语句实现换行的操作，同时不能识别想要输出的双引号符号“”，从而出现了语法错误。因为在 Java 语言中，用双引号括起来的内容是字符串类型的数据，在调用能完成输出功能的 System.*out*.println()方法时，该方法内的参数为字符串内容，而出现多个“”时，会把这些双引号内的内容当作字符串，字符串之间应该通过字符串连接符号“+”将其拼接起来，无论如何都实现不了输出语句中含有“”内容的输出。

为解决该难题，可尝试使用示例代码 3.2。

【示例代码 3.2】

```
 7 public class Zhuanyi {
 8⊖    public static void main(String[] args) {
 9         System.out.print("Sally said:\n\t\"Programming Method is one of my favorite course.\"");
10     }
11 }
12
```

上述代码的输出结果如下：

```
Sally said:
        "Programming Method is one of my favorite course."
```

对比示例代码 3.1 和 3.2，发现后者与前者相比存在以下不同之处：

（1）只用了一条输出语句，与任务要求吻合。

（2）在输出语句的字符串内使用了“\n”“\t”“\”这几个符号，输出结果达到任务要求。

“\n”“\t”“\”分别实现了换行、缩进一个制表符、输出双引号的功能。所有 ASCII 码都可以用斜杠“\”加数字（一般是 8 进制数字）的方式来表示。在 C 语言、Java 语言等编程语言中定义了一些字母，通过加前缀“\”来表示常见的、但是又不能显示的 ASCII 字符，如退格、制表符等。这种“\字母”形式的符号被称为转义字符，因为“\”后面的字符，基本都不是它自身 ASCII 字符的意思，而被赋予了另外的涵义。

关键概念

ASCII 码是由美国国家标准学会（American National Standard Institute, ANSI）制定的基于拉丁字母的一套计算机编码系统，它主要用于显示现代英语和其他西欧语言，是目前最通用的单字节编码系统。键盘上的每一个数字、字母和符号都有其对应的 ASCII 码。例如：大写字母 A 的 ASCII 码用十进制表示是 65，用二进制表示是 01000001，用十六进制表示是 41H。其他符号的 ASCII 码可参见标准 ASCII 表。

Java 语言中常见的转义字符及其释义如表 3-2 所示。

表 3-2 Java 语言中常见的转义字符

转义字符	意 义	ASCII 码值（十进制）
\b	退格（Backspace），将当前位置移到前一列	008
\f	换页（FF），将当前位置移到下页开头	012
\n	换行（LF），将当前位置移到下一行开头	010
\r	回车（Enter），将当前位置移到本行开头	013
\t	水平制表（Tab）（跳到下一个 Tab 位置）	009
\\	代表一个反斜线字符“\”	092
\'	代表一个单引号字符	039
\"	代表一个双引号字符	034
\0	空字符（NULL）	000

3.2.3 数据类型转换

数据只能存储在与其类型相匹配的存储空间中，但在实际编程工作中，经常会遇到一些特殊情况，比如 String 类型的数据需要存放在一个 int 类型的存储空间中，或者 int 类型的数据需要转换成 float 类型后再进行存储。对于这种情况，不能直接将 String 类型的数据存储于 int 类型的空间中，需要将 String 类型的数据转换成 int 类型的数据后再进行存储。同样的道理，对于后者需要将 int 类型的数据转换成 float 类型的数据后再进行存储。这就是编程语言中的数据类型转换。

分析以下两段代码有何不同，并指出对于错误的一段代码应该如何修改。

【示例代码 3.3】

```
 7 public class Zhuanhuan1 {
 8⊖     public static void main(String[] args) {
 9         int number = 10;//声明一整型变量number，赋初值为10;
10         double dbnumber = 0;//声明一双精度变量，赋初值为0;
11         dbnumber = number;  //将整型变量number的值赋给双精度dbnumber变量
12         System.out.println(dbnumber);//输出变量dbnumber的值
13     }
14 }
15
```

【示例代码 3.4】

```
 7 public class Zhuanhuan {
 8⊖     public static void main(String[] args) {
 9         int number = 10;//声明一整型变量number，赋初值为10;
10         double dbnumber = 0;//声明一双精度变量，赋初值为0;
11         number = dbnumber;  //将双精度变量dbnumber的值赋给整型number变量
12         System.out.println(number);//输出变量number的值
13     }
14 }
15
```

对比上述两段代码可知，代码 3.3 是将一整型变量 number 的值取出后再存入一双精度型变量 dbnumber 中，虽然等号左右两边的变量类型不一致，但在这段代码中没有发现语法错误，能输出正确的结果“10.0”。而代码 3.4 是将一双精度型变量 dbnumber 的值取出后再存入一整型变量 number 中，在此出现了一语法错误。将鼠标移向出现红叉的第 11 行代码时，出现如下错误提示：

```
Type mismatch:cannot convert from double to int.
```

（类型不匹配：不能将双精度型转换成整型。）

整型数据和双精度型数据同为数值型数据，只是各自在内存中所占的字节数有所不同。但为什么将整型变量值赋给双精度变量与将双精度变量值赋给整型变量相比，其结果的差异会如此之大呢？通过图 3-4 和图 3-5 可以理解这种差异以及数据类型转换的一些特点。

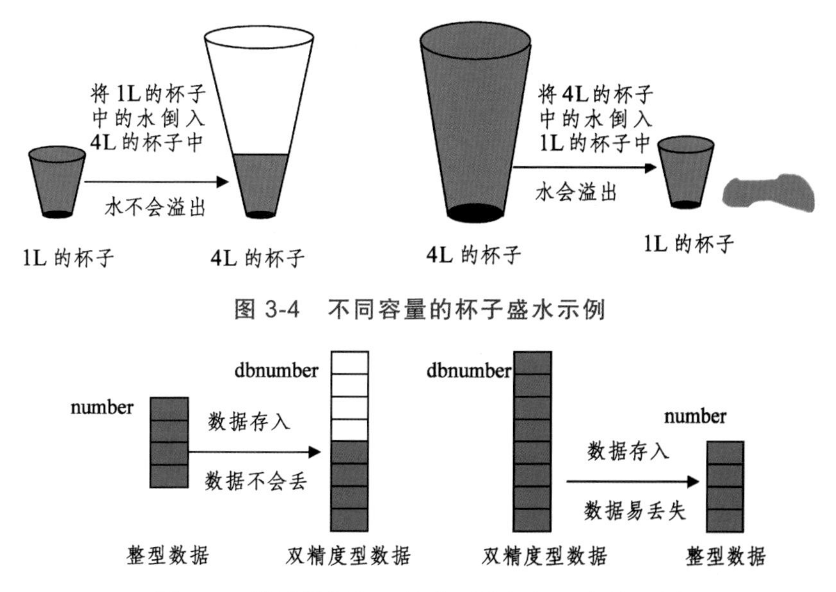

图 3-4　不同容量的杯子盛水示例

图 3-5　整型数据与双精度型数据相互存储示例

由此可见，低精度类型的数据存入高精度类型变量中，数据不会丢失，且数据自动转换成了高精度类型数据；反之，高精度类型的数据存入低精度类型变量中，数据类型不会自动发生转换，容易造成数据丢失。所以，示例代码 3.3 没有语法错误，且能输出正确结果，而代码 3.4 出现了语法错误，程序不能执行。

对代码 3.4 做如下修改，就能输出正确结果。

【示例代码 3.5】

```
 7 public class Zhuanhuan {
 8⊖     public static void main(String[] args) {
 9         int number = 10;//声明一整型变量number，赋初值为10;
10         double dbnumber = 0;//声明一双精度变量，赋初值为0;
11         number = (int)dbnumber;   //将双精度变量dbnumber的值强制转换成整型后，赋给整型number变量
12         System.out.println(number);//输出变量number的值
13     }
14 }
15
```

代码中的“number = (int)dbnumber;”语句能够将 dbnunber 变量强制转换成整型变量，使得等号左右两侧的数据类型匹配。

Java 中常见的数据类型转换有不同数值型数据之间的转换这种简单数据类型转换，也有字符串类型与其他类型之间的转换，还有其他数据类型之间的转换。代码 3.3 中所展示的就是低级数据类型到高级数据类型的自动类型转换，代码 3.5 中所展示的就是高级数据类型到低级数据类型之间的强制类型转换。在此，重点介绍简单数据类型中的自动类型转换和强制类型转换。

1. 自动数据类型转换

简单数据类型转换中除了布尔型数据外，其他数据类型均可根据实际情况自动转换成比其精度高的其他数据类型。数据类型的自动转换需要遵循图 3-6 所示的转换原则。

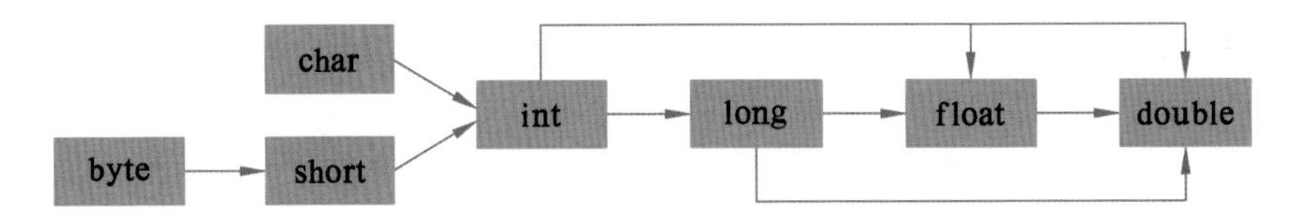

图 3-6　简单数据类型自动转换的原则

简单数据类型之间的自动转换只可按照图 3-6 中箭头所指方向进行，即此过程不可逆。

2. 强制数据类型转换

将高精度变量变成低精度变量时，例如代码 3.5 中将 double 型变量变成 int 型变量时，需要进行强制类型转换。强制类型转换的格式如下：

低精度类型变量=（低精度类型）高精度类型变量

如代码 3.5 中所示，“number = (int)dbnumber;”语句就能将一 double 型变量强制转换成 int 型变量。因为将高精度类型数据强制转换为低精度类型数据后，容易造成数据的丢失和精度的变化，所以一般情况下不推荐这种数据类型转换方式。

3.3 变量和常量

现实生活中，我们可以把姓名看作一种常量，把年龄看作变量。比如，某个人的姓名一般是不轻易改变的，但其年龄却在逐年增加。

下面的思维过程有助于大家进一步区别变量与常量的内涵。

（1）2001 年，有个小男孩出生了，他的名字叫张小明，年龄为 0 岁，其信息描述如下：

姓名：张小明；年龄：0。

（2）2013 年，男孩逐渐长大，姓名仍然是张小明，年龄为 12 岁，其信息描述如下：

姓名：张小明；年龄：12。

（3）2021 年，当男孩 20 岁的时候，姓名依然为张小明，其信息描述如下：

姓名：张小明；年龄：20。

通过上面的思维过程可以知道，“姓名”这一标识符作为某人的标识，存放的是该人的名字，一旦将名字确定下来后，其值不会轻易改变，可以称之为常量；“年龄”这一标识符作为某人年龄的标识，存放的是该人的年龄信息，其值会随着时间的推移而变化，可以将这种所存储的信息会发生改变的量称为变量。

3.3.1 变 量

变量是计算机的存储单元在编程语言中的抽象，它是编程语言中最重要的概念之一。对一个变量需要从变量名、类型、地址、值、作用域、生命周期这六个方面进行描述，这六个方面通常也被称作变量的属性。

例如，在 AA 学校的体育保管室内，有一个排球筐，其中存放了 5 个排球，给这个排球筐命名为“volleyball”。

为加深初学者对变量的理解，表 3-3 分别从现实生活和编程的角度对变量的六个属性进行了阐释。

表 3-3 对变量的分析理解

属性	从现实生活的角度解释	从编程的角度解释
变量名	排球筐的名字 volleyball	某存储空间的名字 volleyball
类型	用于存放排球，不能用于存放不同类型的事物，例如该排球筐不能用于存放水	只能存放与该存储空间类型相匹配的数据
地址	体育保管室	该存储空间在内存中的地址编号
值	5 个排球	5
作用域	AA 学校内	在规定的有效范围内
生命周期	排球筐没有被销毁时有效，可以继续存放排球	从该存储空间开始存在到消亡的整个过程

如图 3-7 所示，当排球筐内的球被取走一个时，筐内球的数量发生了改变，此时，volleyball 的值由原来的 5 变成 4。

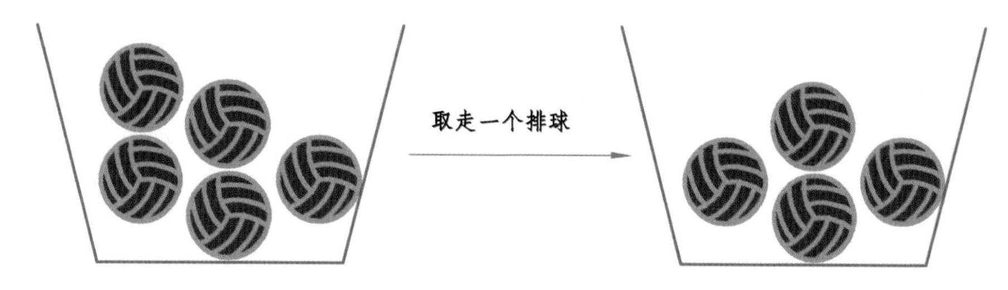

图 3-7　变量的思维理解

现通过对示例代码 3.6 的分析，详细介绍变量的六个属性。

【示例代码 3.6】

```
public static void main(String args[]){
    int volleyball = 5;
    System.out.println(voleyball);
}
public void Display(){
    int football = 10;
    System.out.println(football);
}
```

1. 变量名

变量名指的是能代表某个存储空间，且有助于记忆的字符序列，如“volleyball”即为变量名。

2. 类型

由 3.2 节可以知道类型指的是变量存储什么类型的数据，以及能存储的值的范围。该例中 int 即数据类型，表明变量 volleyball 只能存储整型数据，且所占的存储空间为 4 个字节。

3. 地址

计算机中的所有数据都是存放在存储器中的。一般把存储器中的一个字节称为一个存储单元，并为每个存储单元编号，以便能正确、方便地访问这些存储单元。存储单元的编号被称为地址，如图 3-8 所示。

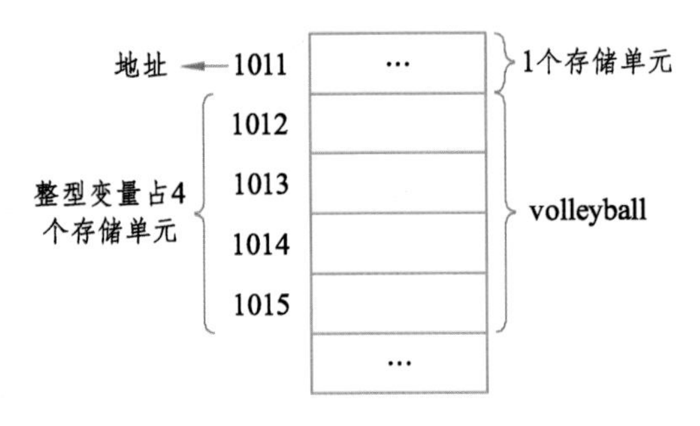

图 3-8 变量地址的图示

4. 值

值指的是变量的存储空间内所存储的数据内容。对于变量 volleyball 而言，其中存放的数据为 5，即变量值为 5，如图 3-9 所示。

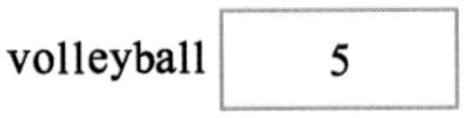

volleyball 5

图 3-9 变量值的图示

5. 作用域

作用域指变量在某段程序中的什么范围内可以被读取，即决定了哪些方法、函数或过程可以访问该变量。该属性也被称为变量的可见性。不同的语言根据作用域对变量的分类有所不同。例如，C 语言中将变量划分为局部变量和全局变量。C++、Java 语言中主要体现为块级作用域，即在方法中定义某变量，该变量的作用域从该变量被定义时开始，直至该方法结束时为止。在示例代码 3.6 中，变量 volleyball 的作用域从 main()方法中定义该变量的时候开始，至表示 main()方法结束的“}”结束；变量 football 的作用域从 Display()方法中定义该变量的时候开始，至表示 Display ()方法结束的“}”结束。

6. 生命周期

变量的生命周期指的是变量在何时创建以及何时释放。在上述示例代码中，变量 volleyball 在 main()方法执行时被创建，当 main()方法执行完后，该变量被释放，完成其生命过程。

以 Java 语言为例，声明变量的语法格式如下：

[格式一]

```
数据类型 变量名;     //声明变量为某数据类型，并分配相应的内存空间
变量名 = 值;         //给变量赋初值
```

例如：

```
int volleyball;     //声明一整型变量，命名为 volleyball，分配 4 个字节的内存空间
volleyball = 5;     //给 volleyball 整型变量赋初值为 5
```

[格式二]

```
数据类型 变量名 = 值; //在声明变量的同时，分配空间并赋初值
```

例如：

```
int volleyball = 5;  /*声明一整型变量 volleyball，分配 4 个字节的内存空间，
                       并赋初值为 5*/
```

需要注意的是，Java 中浮点类型数据默认的是双精度类型。例如，声明了一个 float 类型变量 m，直接给它赋值为 2.0 时会提示有语法错误，因为系统默认 2.0 是双精度类型数据。给 float 类型数据 m 赋值的正确语句为“m = 2.0f;”。

3.3.2 常　量

常量和变量的作用相似，都是内存空间的某块区域，在定义之后用来存放数据。常量与变量所不同的是，变量在定义之后可以改变其内的值，即可以进行再赋值操作，而常量一旦被定义，就不能再对其进行赋值，否则会出现语法错误。

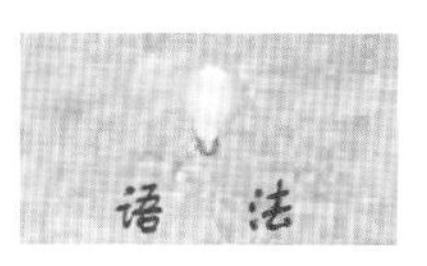

以 Java 语言为例，声明常量的语法格式如下：

[格式]

```
final 数据类型 常量名 = 值;       //声明某种数据类型的常量，并设置其常量值
```

例如：

```
final String name = "sally";  /*声明一字符串类型的常量name，并设置常量值
                                为sally*/
```

关键概念

常量是在定义之后就不能再改变其值的量。

变量在定义之后还可以进行再赋值操作，即其值可以发生改变。

3.4 标识符

日常生活中，每种事物都有其特定的名字，以便于在使用过程中标识具体的事物。例如："仁和小区""联想笔记本""王明"等分别是对某个具体的小区、笔记本电脑、人的标识。我们在给这些事物取名字的时候，一般会遵循一定的规定。以汉语人名为例，第一个字一般为父亲或母亲的姓氏，其后一般为一个或多个字。

在编程语言中，需要对参与操作和运算的变量、常量、方法、类、对象等命名，以方便调用和操作。这些用字符序列组成的名字被称为标识符。标识符的选取应遵循一定的命名规则。早期的程序设计主要用于解决数学问题，所以标识符通常用与数学中的变量名相似的单一名字，如x,y,z等。随着程序设计的发展，标识符应基于容易记忆和理解的原则，选择恰当的字符序列，以增强程序的可读性。以下列出几种常用程序设计语言中标识符的命名规则。

1. C语言中的标识符

（1）标识符由字母、数字、下划线"_"组成，并且不能以数字开头。

（2）不能把C语言中的关键字当作标识符，例如if、define、for、while等。

（3）标识符对大小写敏感，应严格区分大小写。

关键概念

关键字（keyword）是某种编程语言中预先保留的标识符。

C语言中常见的关键字及其释义如表3-4所示。

表3-4 C语言中常见的关键字

关键字	释义	关键字	释义
auto	声明自动变量	int	整型类型
break	跳出当前循环或分支语句	long	长整型类型
case	多分支语句分支（开关语句分支）	register	声明寄存器变量类型
char	字符型类型	return	返回语句
const	声明常量	short	短整型类型
continue	结束当前循环，开始下一轮循环	signed	有符号数据类型
default	多分支语句中的“其他”分支	sizeof	计算数据类型长度
do	执行循环体	static	静态数据类型
double	双精度类型	struct	声明结构体类型
else	条件语句否定分支（与if连用）	switch	多分支语句（开关语句）
enum	声明枚举类型	typedef	给数据类型取别名
extern	引用变量声明	union	声明联合体类型
float	浮点型数据类型	unsigned	无符号数据类型
for	for循环语句	void	声明函数无返回值、无参数、无类型指针
goto	无条件跳转语句	volatile	变量在程序执行中可被隐含地改变
if	if条件语句	while	while循环语句

C语言中常见的标识符命名错误如表3-5所示。

表 3-5　C 语言中常见的标识符命名错误

合法标识符	非法标识符	错误分析
Name12	Name&12	标识符中不能使用“&”符号
age	12age	标识符不能以数字开头
Stu_Name	Stu-Name	标识符中只能包含下划线“_”而不是短横线“-”
getFloat()	float()	float 是 C 语言中的关键字，不能用于定义函数的名字

2. C++语言中的标识符

（1）标识符由字母、数字和下划线“_”组成，并且不能以数字开头。

（2）不能把 C++关键字作为标识符，例如 if、define、for、while 等。

（3）标识符对大小写敏感，应严格区分大小写。

C++语言中常见的关键字及其释义如表 3-6 所示。

表 3-6　C++语言中常见的关键字

关键字	释义	关键字	释义
auto	声明自动变量类型	new	分配对象存储空间
bool	布尔类型	operator	重载操作符
break	跳出当前循环或分支语句	private	私有类型
case	分支语句的分支	protected	受保护类型
catch	异常处理中捕获异常	public	公共类型
char	字符类型	register	声明寄存器变量
class	声明类类型	return	返回语句
const	声明常量	short	短整型类型
continue	跳转到循环起始处	signed	有符号数据类型
default	分支语句中的“其他”分支	sizeof	返回类型对应的大小
delete	释放对象存储空间	static	静态数据类型
do	执行循环语句	struct	声明结构体类型
double	双精度类型	switch	多分支语句

续表 3-6

关键字	释义	关键字	释义
else	if 语句的否定分支	template	声明模板
enum	声明枚举类型	this	指类对象本身
export	分离编译	throw	抛出异常
extern	声明外部类	true	真
false	假	try	异常处理块开始
float	浮点类型	typeid	获取表达式类型
for	for 循环	typename	告诉编译器一个未知的标识符是一个类型
friend	声明变量或函数为友元	union	声明联合体类型
goto	跳转语句	unsigned	无符号数据类型
if	if 条件语句	using	using 声明和 using 指示
inline	声明内联函数	virtual	声明虚基类或虚函数
int	整型类型	void	指定函数无返回值或无参数
long	长整型类型	volatile	指定被修饰的对象类型的读操作是副作用
namespace	命名空间	while	while 循环

C++语言中常见的标识符命名错误如表 3-7 所示。

表 3-7　C++语言中常见的标识符命名错误

合法标识符	非法标识符	错误分析
Name12	Name$12	标识符中不能使用“$”符号
age12	12age	标识符不能以数字开头
Stu_Name	Stu-Name	标识符中只能包含下划线“_”而不是短横线“-”
mybreak()	break()	break 是 C++语言中的关键字，不能用于定义函数的名字

3. Java 语言中的标识符

（1）标识符只能由字母、数字、下划线“_”和美元符号“$”组成，并且首字母不能是数字。

（2）不能把 Java 关键字和保留字作为标识符。

（3）标识符对大小写敏感，应严格区分大小写。

Java 语言中常见的标识符及其释义如表 3-8 所示。

表 3-8 Java 语言中常见的关键字和保留字

关键字	释义	关键字	释义
abstract	抽象的	int	整型类型
boolean	布尔类型	interface	接口
break	跳出当前循环或分支语句	long	常整型类型
byte	字节类型	native	用于方法前的标识符，表示调用一个非 Java 代码的接口
case	多分支语句的分支	new	分配一个对象的存储空间
catch	捕获异常	package	包
char	字符类型	private	私有类型
class	声明类	protected	受保护类型
const	声明常量	public	公共类型
continue	从当前循环的最后重新开始	return	返回语句
default	多分支语句的“其他”分支	short	短整型类型
do	执行循环体	static	静态数据类型
double	双精度类型	strictfp	精确浮点类型
else	if 条件语句的否定分支	super	父类、超类
extends	继承某个类	switch	多分支语句
final	声明最终的变量或类	synchronized	线程同步
finally	始终会被执行的代码语句块放于此类	this	当前类的一个实例
float	浮点类型	throw	抛出异常
for	for 循环语句	thorws	声明异常类
goto	强制跳转语句	transient	用来标识一个成员变量在序列化子系统中应被忽略
if	if 条件语句	try	定义一个可能抛出异常的语句块
implements	实现某个接口	void	方法无返回值
import	引入包或类	volatile	屏蔽 VM 中必要的代码优化
instanceof	判断两个参数的类型是否兼容	while	While 循环语句

Java 语言中常见的标识符命名错误如表 3-9 所示。

表 3-9　Java 语言中常见的标识符命名错误

合法标识符	非法标识符	错误分析
Name$12	Name!12	标识符中不能使用“!”符号
age	12age	标识符不能以数字开头
Stu_Name	Stu-Name	标识符中只能包含下划线“_”而不是短横线“-”
Myclass	class	class 是 Java 语言中的关键字，不能用于自定义标识符

3.5　表达式

学过数学的人都知道：一个给定的一元二次方程 $ax^2+bx+c=0$，其中包含 a、b、c、x 四个变量，以及“+”和“=”两个符号；假设有两个点 $A(x_1,y_1)$、$B(x_2,y_2)$，可运用求两点间距离的公式 $|AB|=\sqrt{(x_1-x_2)^2+(y_1-y_2)^2}$ 求出 A 点与 B 点之间的距离。这两个式子都是由一些变量符号和运算符号组合起来的式子，代表了一定的运算规则和含义，可以把它们叫作数学表达式。

在计算机程序中，为了进行某种运算、判断或者比较，需要将一些变量、常量、方法用运算符按照一定的规则组合起来，构成有一定意义的式子，这些式子就被称为表达式。例如：有两个整型变量 x,y，要将这两个变量的值相加，将结果存入变量 result 中，则由这三个变量和算术运算符组合起来的式子 result = x+y 就是一个表达式。运算符在表达式中比较重要，因为运算符的选取就决定了该表达式做何运算，完成何种操作。以下分别介绍几种常见的运算符及其运算原理。

3.5.1　算术运算符

根据示例代码 3.7，分析“+”“－”“*”“/”“%”这几个算术运算符的用法。

【示例代码 3.7】

```
/**
 * SuanshuYunsuan.java
 * 算术运算符示例
 * @author Sally
 */
public class SuanshuYunsuan {
    public static void main(String[] args) {
        int a = 10,b=5,result=0; //声明变量并赋初值
        result = a+b;
        System.out.println("a+b="+result);
        result = a-b;
        System.out.println("a-b="+result);
        result = a*b;
        System.out.println("a*b="+result);
        result = a/b;
        System.out.println("a/b="+result);
        result = b%(a/b);
        System.out.println("b%(a/b)="+result);
    }
}
```

代码 3.7 中，声明了三个整型变量 a、b、result，其初值分别为 10、5、0。

（1）执行代码“result = a+b;”后，变量 result 的值变为 a 加上 b 的值，即 15；执行代码“System.*out*.println("a+b="+result);”后，在屏幕上输出“a+b=15”。

（2）执行代码“result = a – b;”后，变量 result 的值变为 a 减去 b 的值，即 5；执行代码“System.*out*.println(“a – b=”+result);”后，在屏幕上输出“a – b=5”。

（3）执行代码“result = a*b;”后，变量 result 的值变为 a 乘以 b 的值，即 50；执行代码“System.*out*.println("a*b="+result);”后，在屏幕上输出“a*b=50”。

（4）执行代码“result = a/b;”后，变量 result 的值变为 a 整除 b 的值，即 2；执行代码“System.*out*.println("a/b="+result);”后，在屏幕上输出“a/b=2”。

（5）执行代码“result = b%(a/b);”后，先求出 a 整除 b 的值，即 2，再得到 b 除以 2 之后的余数，即 1，并将该结果赋给变量 result；执行代码“System.*out*.println("b%(a/b)="+result);”后，在屏幕上输出“b%(a/b)=1”。

运行代码 3.7 后，在屏幕上会看到如下输出结果：

```
a+b=15
a-b=5
a*b=50
a/b=2
b%(a/b)=1
```

由此可知，“+”“－”“*”“/”“%”等算术运算符的作用是执行加、减、乘、除、取余的操作。

算术运算符包括加运算符（+）、减运算符（－）、乘运算符（*）、除运算符（/）、取余运算符（%）、自增运算符（++）和自减运算符（--）等。加、减、乘三个运算符比较容易理解，下面重点介绍除运算符（/）、取余运算符（%）、自增运算符（++）和自减运算符（--）这四个运算符。

1. 除运算符（/）

（1）int a = 10,b=3;

a/b 的算术演算过程如下：

```
      3 ………………………… 商
  3 ╱ 10
      9
    ────
      1 ………………………… 余数
```

所以，a/b 的结果为 3。

（2）float m = 3.4f,n = 2.5f;

m/n 的算术演算过程如下：

```
           1.36 ·················· 商
   2.5 ╱ 3.4
         2.5
       ──────────
          0.90
          0.75
       ──────────
          0.150
          0.150
       ──────────
            0 ·················· 余数
```

所以，m/n 的结果为 1.36；

（3）double x = 9.0;int b = 4;

x/b 的算术演算过程如下：

```
           2.25 ·················· 商
     4 ╱ 9.0
         8.0
       ──────────
          1.00
          0.80
       ──────────
          0.20
          0.20
       ──────────
            0 ·················· 余数
```

所以，x/b 的结果为 2.25。

通过上述 3 种类型的数据相除的算术演算过程可见：两个整型数相除时，结果只取整数部分；当任何一个操作数为浮点类型时，结果的精度与精度较高的操作数的精度一致。

2. 取余运算符（%）

取余运算符也称模运算符，其运算结果为第一个操作数除以第二个操作数后的余数。

（1）当两个操作数 a、b 都是整型数据时，a%b 的计算公式为：

a % b = a – (int)(a / b)

例如：int a = 10,b = 3; 则 a%b = 10 – (int)(10/3)=1。

（2）当操作数中有浮点类型数据时，a%b 的计算公式为：

a % b = a – (a / b) * b

例如：double x = 9.0;int b = 4; 则 a%b = 9.0 – （9/4）*4=1.0。

3. 自增和自减运算符（++和--）

自增运算符++和自减运算符--是一元运算符，即只有一个操作数。假设有一个整型变量 a，其初值为 5，执行 a++或者++a 后，其值在原来的基础上自增 1，变成了 6。同理，对于一初值为 5 的变量 a，执行 a--或--a 后，a 的值在原有的基础上自减 1，变成了 4。++和--运算符常用在计数器、循环控制等场合。

++放在操作数前面，如++a，称为前缀++；放在操作数之后，如 a++，则称为后缀++。同理，--放在操作数前面，如--a，称为前缀--；放在操作数之后，如 a--，则称为后缀--。单独使用的 a++和++a，二者没什么区别，都是将变量 a 的值自增 1。同样，单独使用的 a--和--a 也没区别，都是将变量 a 的值自减 1。但是，当前缀++/--和后缀++/--放在某个表达式中时，二者就有明显的区别，如表 3-10 所示。

表 3-10 前缀++/--与后缀++/--的区别

表达式	代码说明	表达式执行后变量的值（变量初值为 int result = 0; int i= 5;）	
		i	result
result = i++	先将 i 的值赋给 result, i 再自加	6	5
result = ++ i	i 先自加，再把自加后的值赋给 result	6	6
result = i--	先将 i 的值赋给 result, i 再自减	4	5
result = -- i	i 先自减，再把自减后的值赋给 result	4	4

通过表 3-10 可以得出，当前缀++/--和后缀++/--放在某个表达式中时，前缀++/--中的变量先参与表达式运算，再进行自增或自减，而后缀++/--中的变量则先自增或自减，再参与表达式运算。

3.5.2　关系运算符

日常生活中，经常有比较和判断的情况发生，例如比较两人的身高、体重、年龄等，比较之后总会得出是大于、小于还是相等这类结论。现通过图 3-10 ~ 3-13 所示的几个比较示例来介绍编程语言中的关系运算符。假设图中所展示的每个苹果的质量是相等的。

1. 大于符号（>）

如图 3-10 所示，当天平的 a 盘中放了 2 个苹果，b 盘中放了 1 个苹果时，看到的效果就是 a 的质量大于 b 的质量，即 a>b。

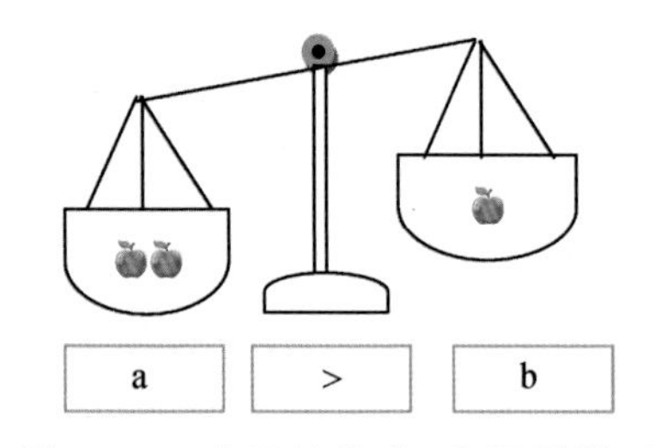

图 3-10　大于符号（>）逻辑展示

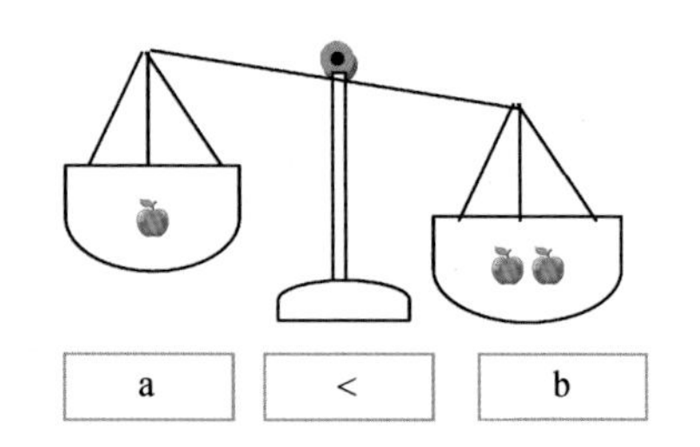

图 3-11　小于符号（<）逻辑展示

2. 小于符号（<）

如图 3-11 所示，当 a 盘中放了 1 个苹果，b 盘中放了 2 个苹果时，看到的效果就是 a 的质量小于 b 的质量，即 a<b。

3. 等于符号（==）

如图 3-12 所示，当 a 盘中放了 2 个苹果，b 盘中也放了 2 个苹果时，看到的效果就是

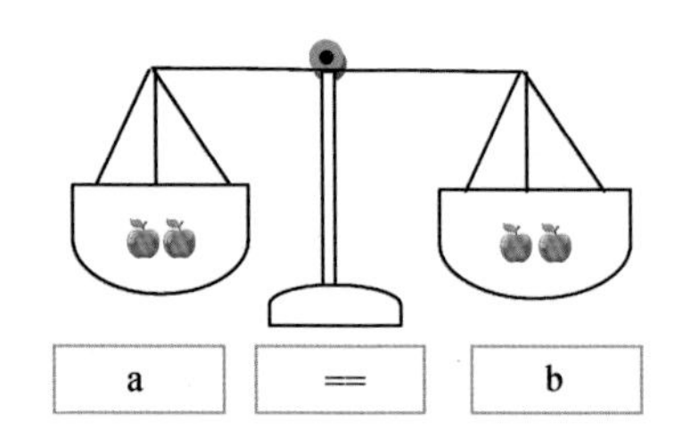

图 3-12　等于符号（==）逻辑展示

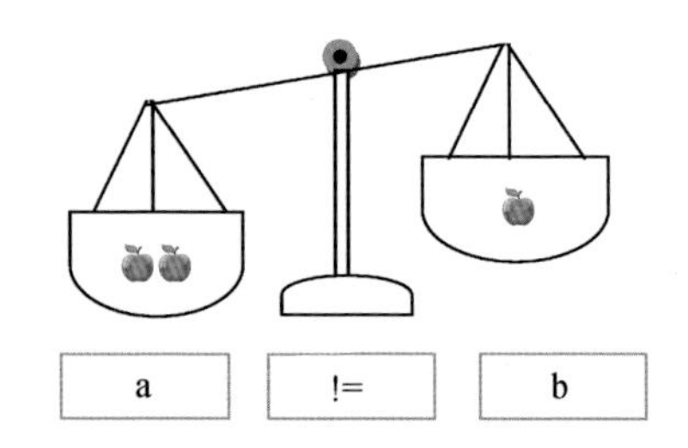

图 3-13　不等于符号（!=）逻辑展示

a 的质量等于 b 的质量，即 a==b。需要注意的是，在编程语言中，表示相等用的是“==”符号，而一个等号“=”表示的是赋值操作。

4. 不等于符号（!=）

如图 3-13 所示，当 a 盘中放了 2 个苹果，b 盘中放了 1 个苹果时，除了可表示为“a>b”外，还可表示为“a!=b”，即两个盘中的质量不一致。

除此之外，大于等于用“>=”符号表示，小于等于用“<=”符号表示。

关系运算符主要用于两个操作数之间的比较。在编程语言中，更重要的是用这种比较的结果来判断后续的操作流程。关系运算的结果是一个布尔类型的数据，即比较结果只有 true 和 false 两种。和“逻辑思维理解”中展示的一致，在编程语言中的关系运算符及其释义如表 3-11 所示。

表 3-11　关系运算符

关系运算符	释义
>	大于
<	小于
>=	大于等于
<=	小于等于
==	等于
!=	不等于

认真阅读示例代码 3.8，并分析出该段代码执行完后的输出结果。

【示例代码 3.8】

```
/**
 * filename:GuanxiFu
 * 关系运算符示例
 * @author Sally
```

```
 */
public class GuanxiFu {
    public static void main(String[] args) {
        int a = 10,b = 3,c = 1;
        System.out.println(a>b);
        System.out.println(b<c);
        System.out.println(a!=b);
        System.out.println(a%b==c);
    }
}
```

在代码3.8中，给出了三个整型变量a、b、c，其初值分别为10、3、1。

（1）执行语句“System.*out*.println(a>b);”后，由于a的值10大于b的值3，所以输出结果为true。

（2）执行语句“System.*out*.println(b<c);”后，由于b的值3大于c的值1，所以输出结果为false。

（3）执行语句“System.*out*.println(a!=b);”后，由于a的值10不等于b的值3，所以输出结果为true。

（4）执行语句“System.*out*.println(a%b==c);”后，由于a的值10对b的值取余后值为1，与c的值1相等，所以输出结果为true。

运行代码3.8后，在屏幕上会看到如下输出结果：

```
true
false
true
true
```

用关系运算符构成的表达式通常用于选择控制语句、多分支语句或循环控制语句中的条件判断，其结果直接影响程序的执行流程。其具体用法将在学习任务4中详细介绍。

3.5.3 逻辑运算符

对于逻辑运算符可通过图 3-14 和图 3-15 来理解。

假定 a 和 c 是两个相同的图案，同为蓝色矩形， b 和 d 也是两个相同的图案，同为红色椭圆。

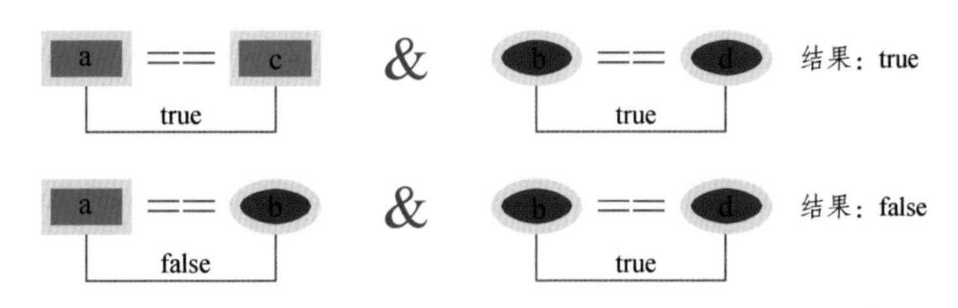

图 3-14　逻辑与运算符示例

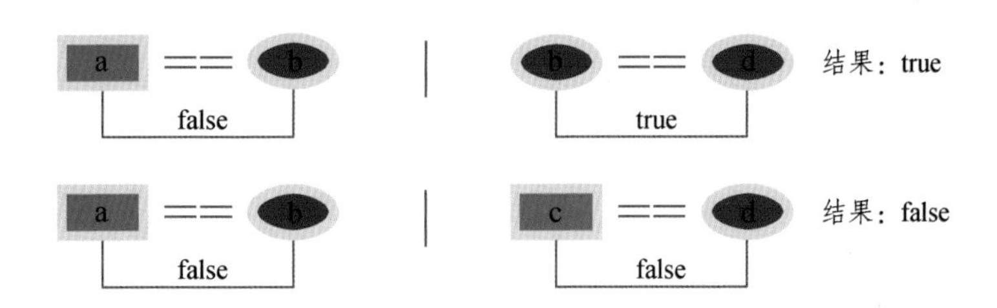

图 3-15　逻辑或运算符示例

1. 逻辑与运算符（&）

对于逻辑与运算符（&），只有该符号左右两侧的关系表达式的结果同为真时，其结果才为真，只要有一侧的关系表达式的结果为假，整个逻辑表达式的结果就为假。

2. 逻辑或运算符（|）

对于逻辑或运算符（|），只有该符号左右两侧的关系表达式的结果同为假时，其结果才为假，只要有一侧的关系表达式的结果为真，整个逻辑表达式的结果就为真。

逻辑表达式中的常见值如表 3-12 所示。

表 3-12 逻辑表达式常见组合值

布尔值 1	逻辑运算符	布尔值 2	结果
true	&	true	true
true	&	false	false
false	&	true	false
false	&	false	false
true	|	true	true
true	|	false	true
false	|	true	true
false	|	false	false

认真阅读示例代码 3.9，并分析出该段代码执行完后的输出结果。

【示例代码 3.9】

```
/**
 * filename:LuojiFu.java
 * 逻辑运算符示例
 * @author Sally
 */
public class LuojiFu {
    public static void main(String[] args) {
        int a = 10,b=3,c=0,d=0,e=0,f=0;//声明变量
        //===逻辑与
        System.out.println(a<b&(c=a/3)<b);
        System.out.println("c="+c);
        //===短路与
        System.out.println(a<b&&(d=a/3)<b);
        System.out.println("d="+d);
        //===逻辑或
        System.out.println(a>b|(e=a%3)<b);
```

```
        System.out.println("e="+e);
        //===短路或
        System.out.println(a>b||(f=a%3)<b);
        System.out.println("f="+f);
    }
}
```

在代码 3.9 中，声明了 a、b、c、d、e、f 六个整型变量，其初值分别为 10、3、0、0、0、0。

（1）执行语句“System.*out*.println(a<b&(c=a/3)<b);”后，由于“a<b”的结果为 false，c 的值为 a 对 3 取整的值，即 3，“c<b”的结果为 true，false&true 的结果为 false。所以输出结果为 false。

（2）执行语句“System.*out*.println("c="+c);”后，输出 c 的值，即 3，所以输出结果为 c=3。

（3）执行语句“System.*out*.println(a<b&&(d=a/3)<b);”后，由于“a<b”的结果为 false，遇到短路与符号&&，已经不需要再算出&&符号右侧的值，就能知道整个表达式的值为 false，所以输出结果为 false。

（4）执行语句“System.*out*.println("d="+d);”后，由于该语句之前的逻辑表达式是短路与，根据左侧的结果已经能判断整个表达式的结果，而不需要再计算右侧的表达式，d 的值依然是初值 0，所以输出结果为 d=0。

（5）执行语句“System.*out*.println(a>b|(e=a%3)<b);”后，由于“a>b”的结果为 true，c 的值为 a 对 3 取余后的值，即 1，“c<b”的结果为 true，true|true 的结果为 true，所以输出结果为 true。

（6）执行语句“System.*out*.println("e="+e);”后，输出 c 的值，即 1，所以输出结果为 e=1。

（7）执行语句“System.*out*.println(a>b||(f=a%3)<b);”后，由于“a>b”的结果为 true，遇到短路或符号||，已经不需要再算出||符号右侧的值，就能知道整个表达式的值为 true，所以输出结果为 true。

（8）执行语句“System.*out*.println("f="+f);”后，由于该语句之前的逻辑表达式是短路或，根据左侧的结果已经能判断整个表达式的结果，而不需要再计算右侧的表达式，f 的值依然是初值 0，所以输出结果为 f=0。

运行代码 3.9 后，在屏幕上会看到如下输出结果：

```
false
c=3
false
d=0
true
e=1
true
f=0
```

逻辑表达式中，只有逻辑与符号&两侧的值同为 true 时，整个逻辑表达式的结果才为 true，否则为 false；只要逻辑或符号|两侧的值有一个为 true 时，整个逻辑表达式的结果就为 true，否则为 flase；对于短路与符号&&和短路或符号||，从左往右逐个判断表达式，只要根据左侧的结果就能判断出整个逻辑表达式的结果，就不需要再计算&&或||符号右侧的表达式的值。

3.5.4 赋值运算符

1. 基本赋值运算符

基本的赋值运算符就是“=”，它并不是“等于”的意思，它表示将该符号右侧的表达式的值赋给左侧的某个变量，从而改变该变量的值。例如：

```
int i = 0;  //声明整型变量 i，并赋初值为 0
i = 10/3;   //将 10 对 3 取整的结果 3 赋给变量 i，使 i 当前的值变为 3
```

2. 复合赋值运算符

常用的复合赋值运算符有“+=”“－=”“*=”“/=”“%=”五种，具体用法如表 3-13 所示。

表 3-13　复合赋值运算符

复合赋值运算符	示例	等价于
+=	a+=b	a=a+b
−=	a−=b	a=a-b
*=	a*=b	a=a*b
/=	a/=b	a=a/b
%=	a%=b	a=a%b

3.5.5　运算符优先级

各种运算符和表达式又可以组成复杂的表达式，当多个运算符同时出现在复杂的表达式中时，表达式的计算顺序就根据运算符的优先级别来确定。一般来说，乘、除、取余的优先级高于加、减或字符串连接的优先级。在同级运算符中，按照从左到右的顺序执行，但遇到圆括号（ ）时可强制改变运算顺序。表 3-14 详细展示了 Java 语言中各种运算符的优先级别。

表 3-14　Java 语言中运算符的优先级

优先顺序	运算符	名称	结合性（与操作数）	元数
1	.	点	从左到右	二元
	()	圆括号	从左到右	—
	[ ]	方括号	从左到右	—
2	+	正号	从右到左	一元
	−	负号	从右到左	一元
	++	自增	从右到左	一元
	--	自减	从右到左	一元
	~	按位非/取补运算	从右到左	一元
	!	逻辑非	从右到左	一元
3	*	乘	从左到右	二元
	/	除	从左到右	二元
	%	取余	从左到右	二元

续表 3-14

优先顺序	运算符	名称	结合性（与操作数）	元数
4	+	加	从左到右	二元
	−	减	从左到右	二元
5	<<	左移位运算符	从左到右	二元
	>>	带符号右移位运算符	从左到右	二元
	>>>	无符号右移	从左到右	二元
6	<	小于	从左到右	二元
	<=	小于或等于	从左到右	二元
	>	大于	从左到右	二元
	>=	大于或等于	从左到右	二元
	instanceof	确定某对象是否属于指定的类	从左到右	二元
7	==	等于	从左到右	二元
	!=	不等于	从左到右	二元
8	&	按位与	从左到右	二元
9	|	按位或	从左到右	二元
10	^	按位异或	从左到右	二元
11	&&	短路与	从左到右	二元
12	||	短路或	从左到右	二元
13	? :	条件运算符	从右到左	三元
14	=	赋值运算符	从右到左	二元
	+=	混合赋值运算符		
	− =			
	*=			
	/=			
	%=			
	&=			
	|=			
	^=			
	<<=			
	>>=			
	>>>=			

通过对这部分内容的学习和实践，请填写表 3-15，对自己的知识理解、学习和技能掌握情况做出评价（在相应的单元格内画“√”）。

表 3-15　自我评价

序号	学习目标	达到	基本达到	没有达到
1	能解释数据存储在计算机编程中的作用			
2	能熟练地描述常见编程语言中的基本数据类型			
3	能正确区分变量和常量的含义与作用			
4	能正确运用变量和常量解决实际问题			
5	能在程序设计中选择恰当的表达式解决实际问题			

一、选择题

1. 下列关于变量的描述中，正确的一项是（　　）。

A. 变量名不是标识符

B. 变量名是标识符

C. 浮点型属于复合类型

D. 变量名可以是关键字

2. 下列变量定义语句中错误的是（　　）。

A. int a;

B. double b=4.5;

C. boolean b=true;

D. float f=9.8;

3. 下列关于 Java 语言基本数据类型的说法中，正确的是（　　）。

A. 以 0 开头的整数代表 8 进制常量

B. 以 0x 或者 0X 开头的整数代表 8 进制整数常量

C. boolean 类型的数据作为类成员变量的时候，系统默认初始值为 true

D. double 类型的数据占计算机存储单元的 32 位

4. 下列选项中，哪一项不属于 Java 语言的基本数据类型？（　　）

A. 整数型

B. 数组

C. 字符型

D. 浮点型

5. 下面不是 Java 关键字的是（　　）。

A. class

B. new

C. subclass

D. interface

6. 在 Java 中，表示换行符的转义字符是（　　）。

A. ‘\n’

B. ‘\f’

C. ‘n’

D. ‘\dd’

7. 下列程序段执行后的输出结果为（　　）。

```
int x=3;  int y=10;
System.out.println(y%x);
```

A. 0

B. 1

C. 2

D. 3

8. 下列哪项是 short 型数据的取值范围？（　　）

A. －128～+127

B. －32 768～+32 767

C. －2 147 483 648～+2 417 483 647

D. $-3.40282347\times10^{38}\sim+3.40282347\times10^{38}$

二、填空题

1. 根据占用内存长度将浮点型常量分为__________和__________两种。

2. 在编程语言中的基本存储单元是__________。

3. Java 中浮点型数据默认的是____________。

4. 常量在定义了之后其值___________，变量在定义了之后还可以对其进行再赋值操作，其值______________。

5. 标识符由________、________、________组成，并且不能以______开头。

三、实践操作题

1. 从键盘输入一个学生的姓名、学号，以及英语、数学、程序设计三门课程的成绩，计算并输出该学生三门课程的平均成绩。

2. 编写一个名为random50的方法，其功能是返回一个1～50内的随机整数。

学习任务 4　程序流程控制思维训练

本学习任务将从现实生活着手，重点培养初学者对程序流程控制中的顺序控制、选择控制、循环控制等结构的掌握及运用。

学习目标

- 能清晰地描述某个程序的执行流程；
- 能用 if-else 选择语句结构编写程序解决实际问题；
- 能用 switch 多分支语句结构编写程序解决实际问题；
- 能用 for 循环控制结构编写程序解决实际问题；
- 能用 while 循环控制结构编写程序解决实际问题；
- 能用 do-while 循环控制结构编写程序解决实际问题；
- 能综合运用各种程序控制结构编写程序。

4.1　流程控制

在平时的生活、学习、工作中，我们做任何事都会遵照一定的先后顺序，这种先后顺序就是我们常说的步骤，也就是所谓的流程。在这些步骤中，有些步骤在满足某种条件的时候可能会被跳过，有些步骤则可能会被重复执行。对这些操作步骤的管理和控制就称为流程控制。

利用 ATM 取款的过程就是生活中常见的操作流程，如图 4-1 所示。

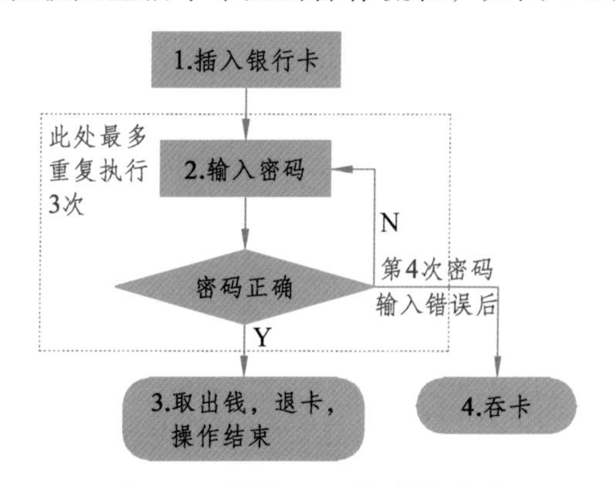

图 4-1　利用 ATM 取款的步骤

整个取款过程可分为四个步骤：① 插入银行卡；② 输入密码；③ 取出钱、退卡；④ 吞卡。在实际的取款过程中可能有以下几种状况发生：

（1）如果密码一次性输入成功，操作的步骤就是①→②→③，第四个步骤不会执行。

（2）如果第一次密码输入错误，第二次密码输入成功，则操作步骤为①→②→②→③。可见，当密码输入错误且不超过 3 次时，输入密码这一步骤就会重复执行。同样，第四个步骤不会执行。

（3）当密码输入错误超过 3 次时，不但取不了钱，卡也会被提款机吞掉，操作步骤为①→②→②→②→④。

程序是由一条条语句组成的，执行程序的过程就是按一定的顺序执行这一条条语句。在执行的过程中，有的语句会按照顺序自上往下逐条执行，有的会重复执行，有的不执行，有的则在满足某个条件的时候才执行，这些都是编程中的程序流程控制。无论是什么编程语言，基本都存在顺序结构、选择结构、循环结构这三大类流程控制结构。以下分别通过具体的案例分析各种控制结构的执行流程，培养初学者对程序流程控制的基本逻辑思维。

4.2　顺序结构

顺序结构是程序流程控制中最简单的结构，其语句是按照从上往下的顺序依次执行。图 4-2 所示的代码截图就是最典型的顺序结构。

```
1 /**
2  * filename:Zuanshi.java
3  * 输出钻石图案
4  * @author Sally
5  */
6 public class Zuanshi {
7     //==程序入□==
8     public static void main(String[] args) {
9         System.out.println("    *");
10        System.out.println("   ***");
11        System.out.println("  *****");
12        System.out.println(" *******");
13        System.out.println("*********");
14        System.out.println("*********");
15        System.out.println(" *******");
16        System.out.println("  *****");
17        System.out.println("   ***");
18        System.out.println("    *");
19    }
20 }
```

图 4-2　“钻石图案输出”代码截图

从图 4-2 所示的代码截图可知，这段代码能完成一个 10 行的钻石图案的输出，是最典型的顺序执行的代码示例。程序运行后，首先找到第 8 行的程序入口 main()方法，接着按照代码的顺序从第 9 行代码依次执行到第 18 行代码。

顺序结构的执行流程如图 4-3 所示。

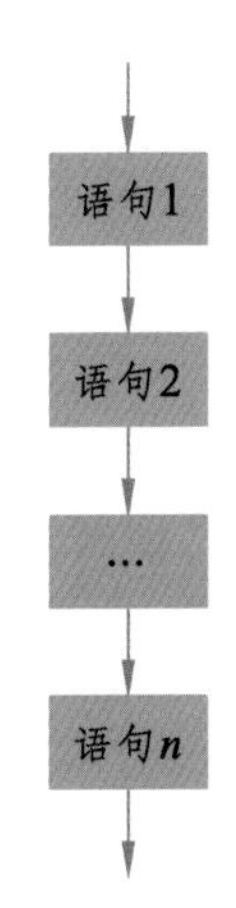

图 4-3　顺序结构的执行流程

4.3　选择结构

选择结构也被称为分支结构，又分为 if 选择结构和 switch 多分支结构两种。此类结构在程序执行的过程中，可根据条件选择性地放弃一些代码而去执行其他某些代码。

4.3.1　简单 if 结构

网吧只向年满 18 岁的成年人开放，故每个人在进入网吧时，需要根据身份证上的信息核对年龄，如果年龄大于 18 岁则可进入网吧，如果年龄小于 18 岁则被拒之门外。根据这一逻辑描述，可通过图 4-4 进一步理解选择结构的逻辑思维。

有一个叫林海的人，今年 17 岁，他能否进入网吧呢？

在图 4-4 所示的示例中，进入网吧和不许进入不可能同时满足，只能是要么进入，要么离开。林海今年 17 岁，还没有成年，所以不能进入网吧。

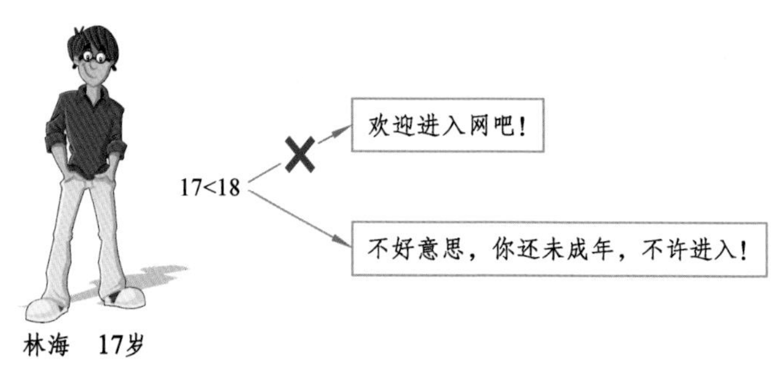

图 4-4 简单选择的示例

有一款移动小坦克的游戏，假设变量 x 代表了小坦克当前的 X 坐标，试编写程序实现以下功能：如果坦克的 X 坐标超过了 500，则让它先回到原点，再以规定的位移量 5 逐步往右移动；如果 X 坐标还没有超过 500，则小坦克继续以位移量 5 向右移动。

图 4-5 和图 4-6 分别展示了小坦克的 X 坐标小于 500 及大于 500 时的程序流程图，其中的红色线条表示程序的执行路线。

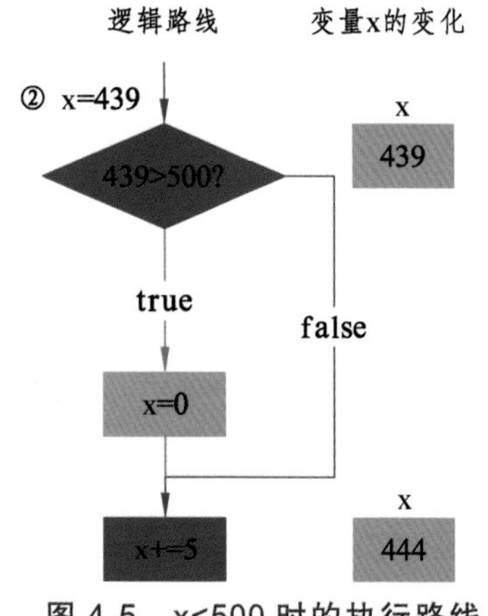

图 4-5 x<500 时的执行路线

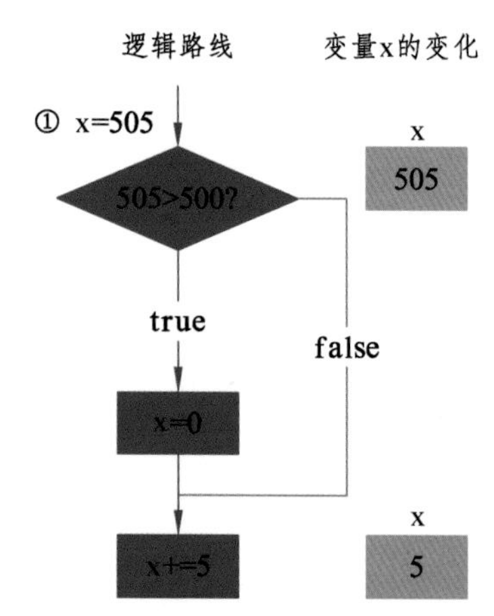

图 4-6 x>500 时的执行路线

根据图 4-5 和图 4-6 给出的程序流程图，可以写出如示例代码 4.1 和 4.2 所示的代码。

【示例代码 4.1】

```
/**
 * filename:Tank1.java
 * 坦克移动示例 1
 * @author Sally
 *
 */
public class Tank1 {
    //==程序入口==//
    public static void main(String[] args) {
①   int x = 439;  //X 坐标
②   if(x>500){
③       x = 0;  //坐标回到原点
        }
④   x+=5; //坦克向右移动 5 个像素
⑤   System.out.println("当前 X 坐标为: "+x);
    }
}
```

运行代码 4.1 后，得到如图 4-7 所示的运行结果，其语句执行顺序为①→②→④→⑤。

Problems　@ Javadoc　Declaration　Console

<terminated> Tank1 [Java Application] C:\Program Files\Java\jre7\bin\javaw.exe

当前X坐标为:444

图 4-7　示例代码 4.1 的运行结果

【示例代码 4.2】

```
/**
 * filename:Tank2.java
 * 坦克移动示例 2
 * @author Sally
 *
 */
public class Tank2 {
    //==程序入口==//
    public static void main(String[] args) {
        ① int x = 505;  //X 坐标
        ② if(x>500){
        ③     x = 0;  //坐标回到原点
           }
        ④ x+=5; //坦克向右移动 5 个像素
        ⑤ System.out.println("当前 X 坐标为: "+x);
    }
}
```

运行代码 4.2 后，得到如图 4-8 所示的运行结果，其语句执行顺序为①→②→③→④→⑤。

Problems @ Javadoc Declaration Console

<terminated> Tank1 [Java Application] C:\Program Files\Java\jre7\bin\javaw.exe

当前X坐标为: 5

图 4-8　示例代码 4.2 的运行结果

简单 if 选择结构的语句执行流程如图 4-9 所示。

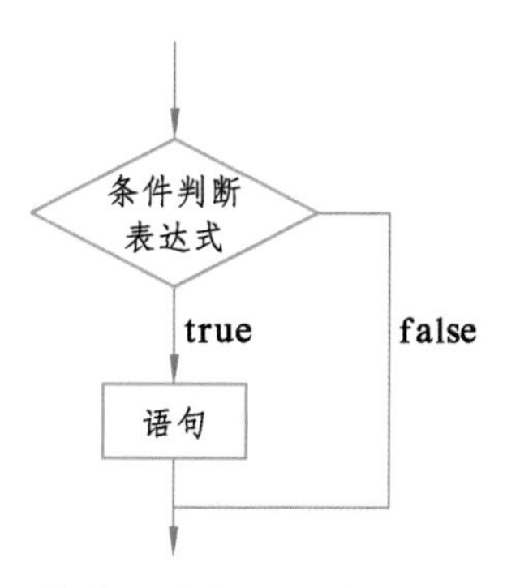

图 4-9　简单 if 选择结构的语句执行流程

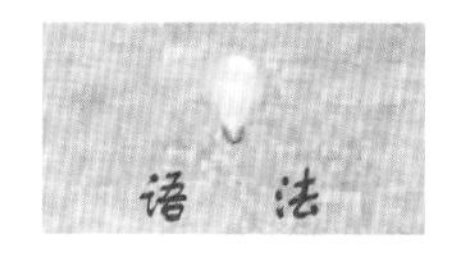


```
if(条件判断表达式)
  {
   语句
   }
```

4.3.2　if-else 结构

if-else 条件选择结构用生活中的语言来解释可以描述为："如果……的话，就……，否则就……"。例如，一款学习游戏软件根据玩家的测试结果来判断其究竟是进入游戏的初级阶段学习还是高级阶段学习：如果测试分数低于 50 分，则进入初级阶段学习，否则进入高级阶段学习。Sally 运行该游戏软件，经过测试得到了 69 分，很明显，她的分数高于 50 分，可以进入高级阶段学习。其逻辑判断过程如图 4-10 所示。

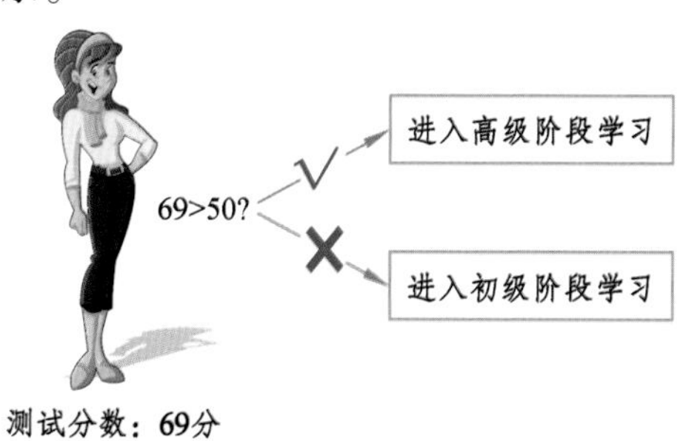

图 4-10　if-else 结构的示例

假设有两个整型变量 a、b，试编写程序实现：从键盘接收两个整数并分别存入变量 a 和 b 中，然后求出这两个变量中的最大值存于 max 中，并将最大值输出。

图 4-11 和图 4-12 分别展示了 a>b 和 a<b 时的程序流程图，其中的红色线条表示程序的执行路线。

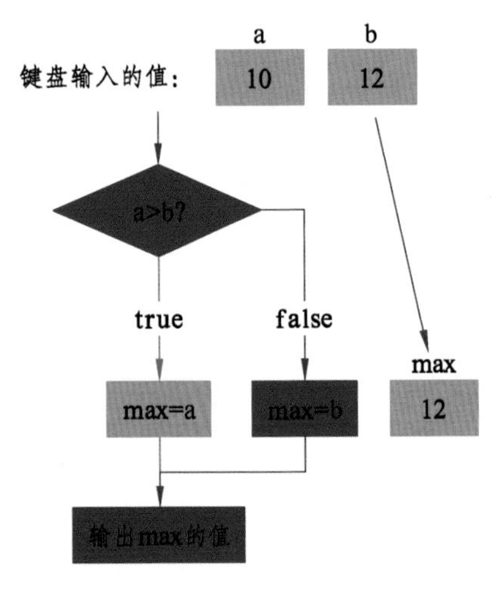

图 4-11 a<b 的程序执行路线

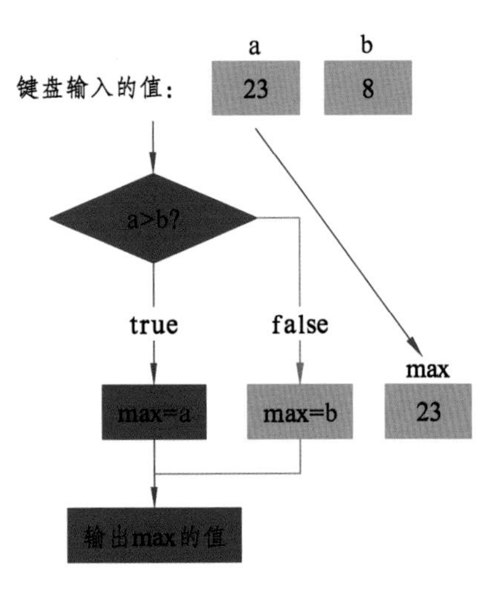

图 4-12 a>b 的程序执行路线

根据图 4-11 和图 4-12 给出的程序流程图，可以写出如示例代码 4.3 所示的代码。

【示例代码 4.3】

```
/**
 * filename:ConditionDemo1.java
 * if-else 示例
 * @author Sally
 */
```

```
import java.util.Scanner; //引入包
public class ConditionDemo1 {
    public static void main(String[] args) {
        ① int a,b;     //整型变量，接收从键盘输入的整数
        ② int max = 0; //存放两数中的最大值
        ③ Scanner scan = new Scanner(System.in); //声明扫描对象
        ④ System.out.println("请输入第一个数：");
        ⑤ a = scan.nextInt(); //从键盘接收一整数存入变量 a 中
        ⑥ System.out.println("请输入第二个数：");
        ⑦ b = scan.nextInt(); //从键盘接收一整数存入变量 b 中
        ⑧ if(a>b)
        ⑨    max = a;
        ⑩ else
        ⑪   max = b;
        ⑫ System.out.println("两数中的最大值为："+max);
    }
}
```

运行代码 4.3 后，如果输入的值分别为 10、12，则得到如图 4-13 所示的结果，其语句执行顺序为：①→②→③→④→⑤→⑥→⑦→⑧→⑩→⑪→⑫；如果运行代码后输入的值分别为 23、8，则得到如图 4-13 所示的结果，其语句执行顺序为：①→②→③→④→⑤→⑥→⑦→⑧→⑨→⑫。

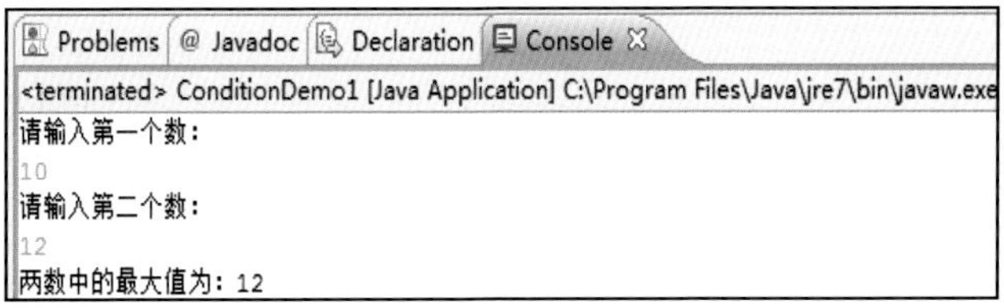

```
Problems @ Javadoc Declaration Console
<terminated> ConditionDemo1 [Java Application] C:\Program Files\Java\jre7\bin\javaw.exe
请输入第一个数：
10
请输入第二个数：
12
两数中的最大值为：12
```

图 4-13　a<b 时的运行结果

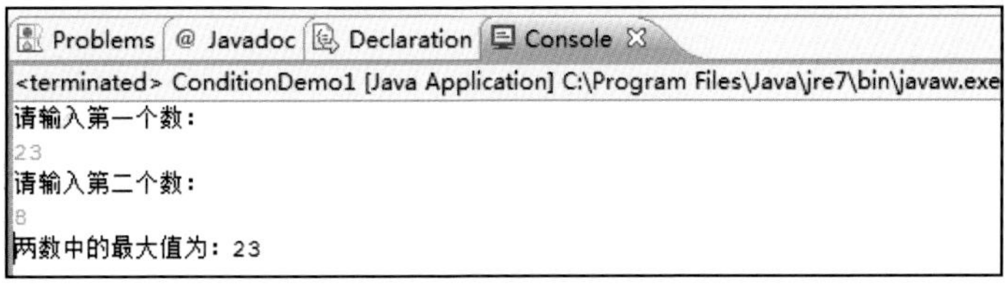

```
Problems @ Javadoc Declaration Console
<terminated> ConditionDemo1 [Java Application] C:\Program Files\Java\jre7\bin\javaw.exe
请输入第一个数：
23
请输入第二个数：
8
两数中的最大值为：23
```

图 4-14　a>b 时的运行结果

if-else 选择结构的语句执行流程如图 4-15 所示。

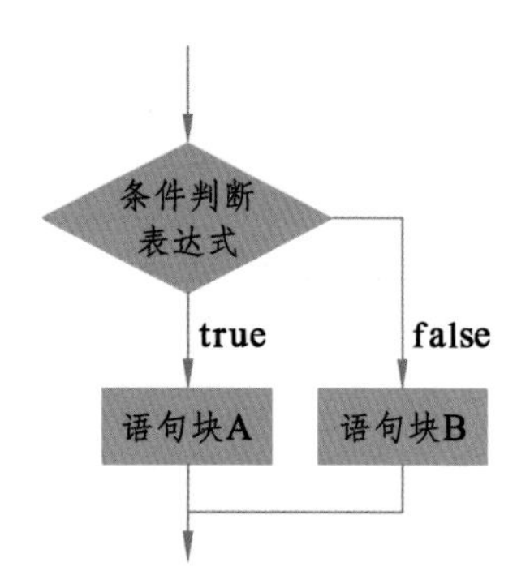

图 4-15 if-else 语句结构

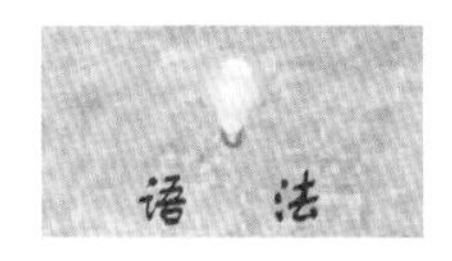


```
if(条件判断表达式)
  {
    语句块 A
}
else
 {
   语句块 B
}
```

4.3.3 if 语句的嵌套

所谓 if 语句的嵌套，就是在一个 if 语句中又包含有另一个 if 语句。现通过以下案例进一步学习 if 语句的嵌套使用。

在学院奖学金的评定过程中，综合素质测评得分与奖学金等级的对应关系如下：

综合素质测评得分>=95 分：一等奖学金；

综合素质测评得分>=85 分：二等奖学金；

综合素质测评得分>=75 分：三等奖学金；

综合素质测评得分<75 分：无奖学金。

已知 Sally 的测评得分为 84 分，试编写程序输出其所获的奖学金等级。

根据上述综合素质测评得分与奖学金等级的关系，可知奖学金根据评分情况被划分为四个连续的等级，如图 4-16 所示。

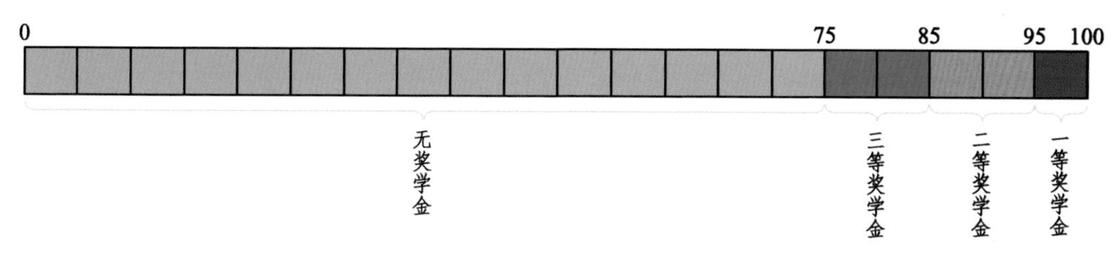

图 4-16　奖学金等级划分区间示意图

假设 Sally 在 2012 学年的综合素质测评得分为 84 分，其所获奖学金等级的逻辑判断如图 4-17 所示。

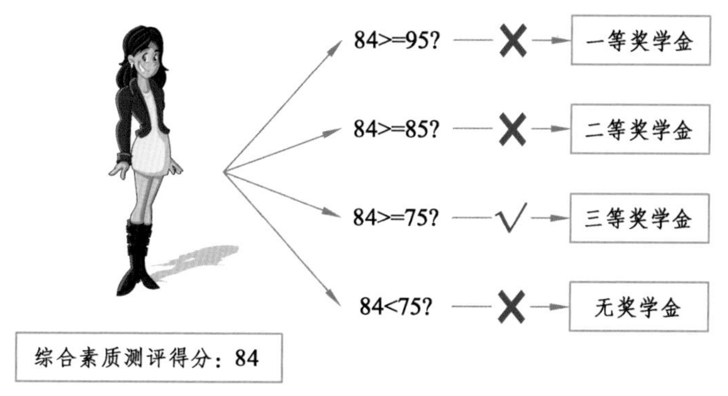

图 4-17　奖学金等级的逻辑判断

对于图 4-18 所示的逻辑判断，因为其涉及多个条件的判断，所以无法用之前所说的单个 if-else 结构来实现，但是可以通过多个 if 语句的嵌套来实现。其程序流程图如图 4-18 所示，其中的红色线条表示程序的执行路线。

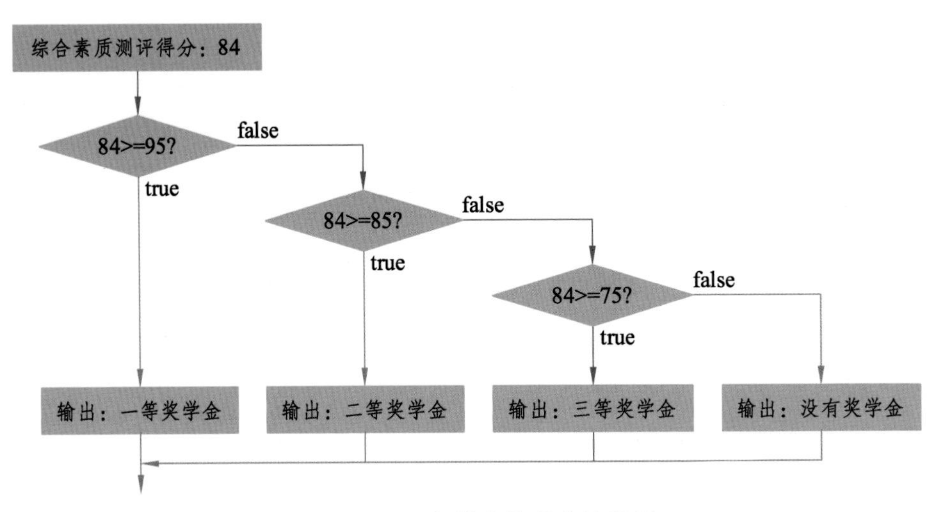

图 4-18 if 语句嵌套的程序流程图

根据图 4-15 给出的程序流程图，可以写出如示例代码 4.4 所示的代码。

【示例代码 4.4】

```
/**
 * filename:Moreif.java
 * if 语句的嵌套示例
 * @author Sally
 */
public class Moreif {
    public static void main(String[] args) {
        int Score = 84; //sally 的测评分为 84 分
        //==第一层 if 条件判断
        if(Score>=95){
            System.out.println("sally 得到一等奖学金");
        }else{
            //==第二层 if 条件判断
            if(Score>=85){
                System.out.println("sally 得到二等奖学金");
```

```
            }else{
                //==第三层 if 条件判断
                if(Score>=75){
                    System.out.println("sally 得到三等奖学金");
                }else{
                    System.out.println("sally 没有得到奖学金");
                }
            }
        }
    }
}
```

运行代码 4.4 后，将得到如图 4-19 所示的结果。

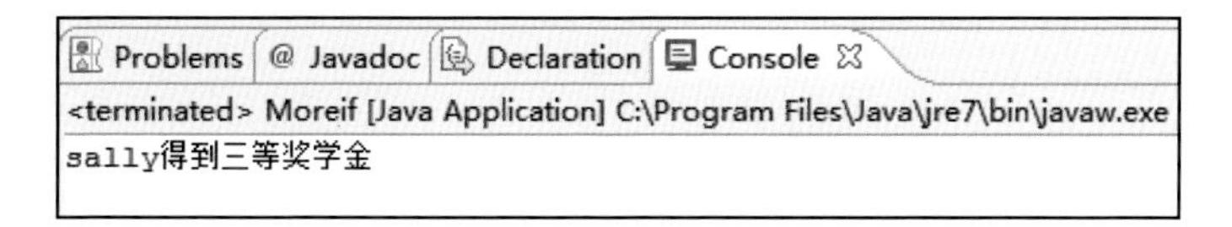
Problems | @ Javadoc | Declaration | Console
<terminated> Moreif [Java Application] C:\Program Files\Java\jre7\bin\javaw.exe
sally得到三等奖学金

图 4-19　代码 4.4 运行结果

if 语句嵌套的执行流程如图 4-20 所示。

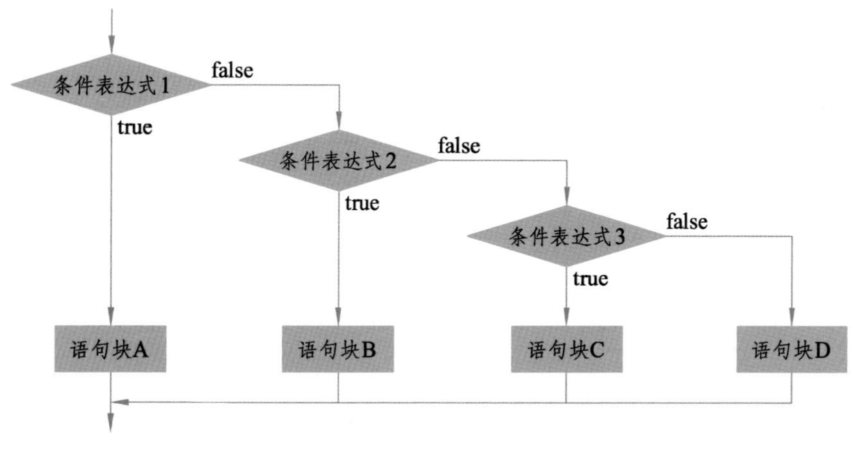

图 4-20　if 语句嵌套的执行流程

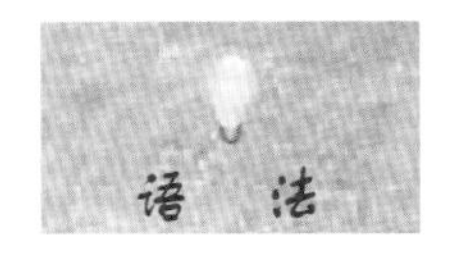


```
if(条件判断表达式 1)
 {
   语句块 A
 }
 else
   {
     if(条件判断表达式 2)
     {
     语句块 B
     }
     else
     {
     语句块 C
     }
   }
```

关键概念

多个 if 语句的嵌套结构中，每个条件表达式的含义是连续的，即第一个条件之后的所有条件都是在第一个条件不成立的情况下才出现的，第二个条件之后的所有条件是在第二个条件不成立的情况下才出现的，以此类推。

4.3.4 switch 多分支结构

switch 多分支结构也被称为开关语句，其工作原理类似于电路中的开关，即当开关搭向某条支路时，该支路就处于接通的状态。可通过图 4-21 加深对多分支结构的理解。

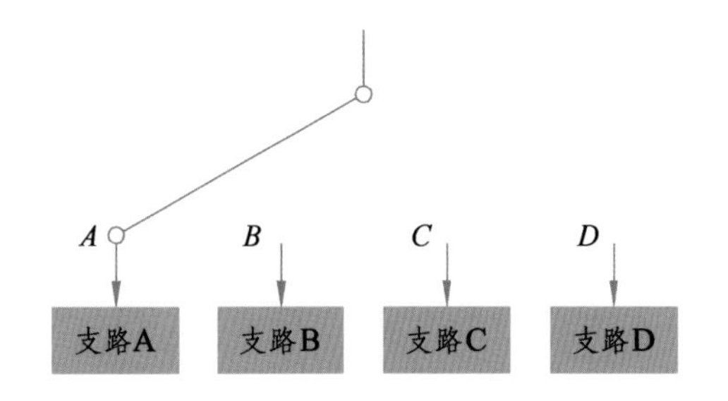

① 当开关接触到 *A* 点时，支路 A 接通；
② 当开关接触到 *B* 点时，支路 B 接通；
③ 当开关接触到 *C* 点时，支路 C 接通；
④ 当开关接触到 *D* 点时，支路 D 接通。

图 4-21　switch 语句的逻辑理解

在猜拳游戏中，如果约定玩家从键盘输入 1、2、3 分别代表剪刀、石头、布，请根据玩家输入的值，在屏幕上显示其所出的是剪刀、石头还是布。

该任务要分别进行 4 次判断，来区分玩家输入的数字所对应的是剪刀、石头还是布，其中最后一次判断针对输入的值不在规定范围之内的所有情况。此类条件判断是一种等值的判断，不同于 if 语句嵌套那样的区间判断。对于这种等值的条件判断，除了可用单个的 if 条件判断完成外，更推荐使用多分支结构实现。图 4-22 展示了该任务的逻辑判断路线。假定玩家输入的值存入变量 num 中。

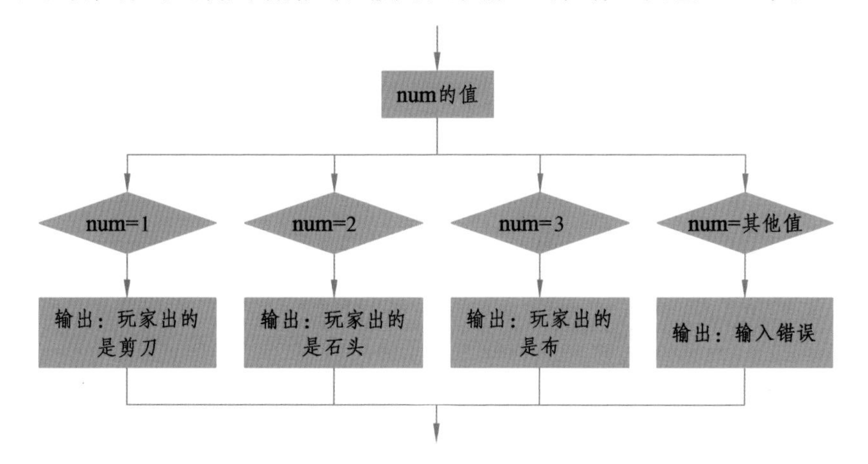

图 4-22　switch 语句逻辑判断路线

根据图 4-22，可写出如示例代码 4.5 所示的代码，其运行结果如图 4-23 所示。

【示例代码 4.5】

```
/**
 * filename:switchDemo.java
 * switch 多分支语句示例
 * @author Sally
 */
import java.util.Scanner;
public class switchDemo {
    public static void main(String[] args) {
        int num = 0;//存放玩家输入的值
        Scanner scan = new Scanner(System.in);  //扫描对象
        System.out.println("请输入你的值：");
        num = scan.nextInt(); //从键盘输入一整数，并存入变量 num 中
        //==开始 switch 多分支判断
        switch(num){
            case 1:
                System.out.println("玩家输入的是剪刀");
                break;
            case 2:
                System.out.println("玩家输入的是石头");
                break;
            case 3:
                System.out.println("玩家输入的是布");
                break;
            default:
                System.out.println("输入错误");
        }
    }
}
```

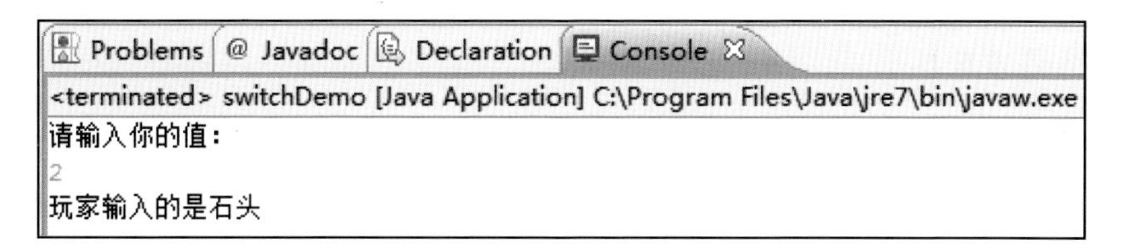

图 4-23　示例代码 4.5 的运行结果

switch 结构可以很好地解决等值判断的问题，它的语法结构如下：

```
switch(表达式)
  {
    case 值 1:
        语句块 A;
        break;
    case 值 2:
        语句块 B;
        break;
    ......
    case 值 n:
        语句块 N;
        break;
    default:
        语句块 M;
}
```

语法结构解读

（1）switch 表示开关，在程序中意味着开始进行分支判断。这个开关的分支由括号内的值进行选择，是什么值，就执行与该值相对应的语句。括号内的表达式只能是一个整型变量或者字符型变量。

（2）case 表示各个分支，其后所跟的值与 switch 后的括号内的值相对应，即必须是一个整型或字符型的常量值，例如，可以是 1、2、3 或者是'a'、's'、'd'、'w'等。在一个 switch 结构中，case 分支块可以有多个，顺序也可以改变，但是 case 之后的常量值应各不相同。

（3）该结构中的 default 可理解为：在以上所有 case 条件都不满足的情况下，执行 default 后的语句。

（4）特别强调，case 分支和 default 后的冒号“:”不可缺少。

（5）break 表示停止执行当前的语句块，跳出当前所处的语句结构。如果在 switch 结构的每个 case 分支块中少了 break 语句，则多分支语句就失去了原有的意义，程序会从满足开关条件的 case 分支语句开始，从上往下依次执行其后的每个 case 分支语句块，如示例代码 4.6 所示。

【示例代码 4.6】

```
/**
 * filename:switchDemo.java
 * switch 多分支语句示例
 * @author Sally
 */
import java.util.Scanner;
public class switchDemo {
    public static void main(String[] args) {
        int num = 0;//存放玩家输入的值
        Scanner scan = new Scanner(System.in);  //扫描对象
        System.out.println("请输入你的值：");
        num = scan.nextInt(); //从键盘输入一整数，并存入变量 num 中
        //==开始 switch 多分支判断
        switch(num){
            case 1:
                System.out.println("玩家输入的是剪刀");
```

```
            case 2:
                System.out.println("玩家输入的是石头");
            case 3:
                System.out.println("玩家输入的是布");
            default:
                System.out.println("输入错误");
        }
    }
}
```

运行示例代码 4.6 后，得到如图 4-24 所示的运行结果。可见，删除每个 case 分支语句块中的 break 语句后，其结果与示例代码 4.5 的结果截然不同。

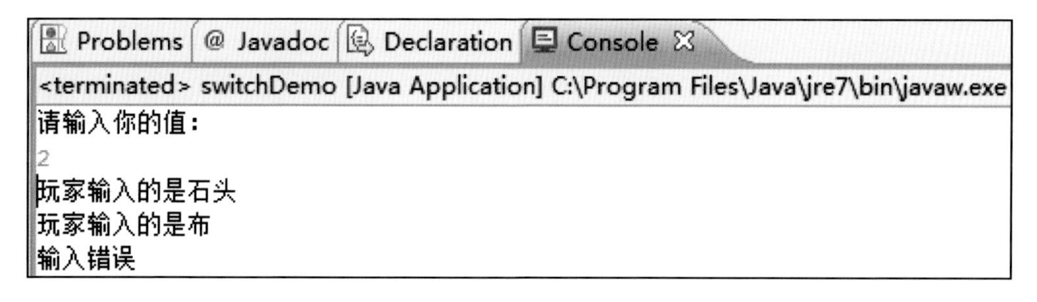

图 4-24　示例代码 4.6 的运行结果

4.4　循环结构

生活中随处可见循环的例子，例如，在 1 200 m 长跑中，需要沿着 400 m 长的跑道重复跑 3 圈；背诵英语单词时，需要反复读出某个单词或句子，直到熟记为止；到 ATM 上取钱时若密码输错，则需要再次输入，直到输入正确为止，不过只有 3 次输错的机会。详见表 4-1 所示的示例。

表 4-1 循环动作举例

重复条件	重复动作	重复次数	场景
未跑满 1 200 m	沿着 400 m 长的跑道跑	3 圈	
不能识记单词	背诵单词或句子	直到识记为止	
密码输入错误	输入密码	直到密码输入正确为止，但总共不超过 3 次	

从上述例子可以发现，所谓循环就是重复执行某个动作，但是重复的次数有一定限制——有的是具体的次数限制，有的是根据执行效果进行限制。换句话说，生活中的循环操作指的是当满足某个条件时就重复地做某件事。

从编程的角度，可以这样理解循环：当某个条件表达式为真时，重复执行某些语句块。其中，对条件表达式的判断称为循环条件判断，被重复执行的语句称为循环语句。其逻辑结构如图 4-25 所示。

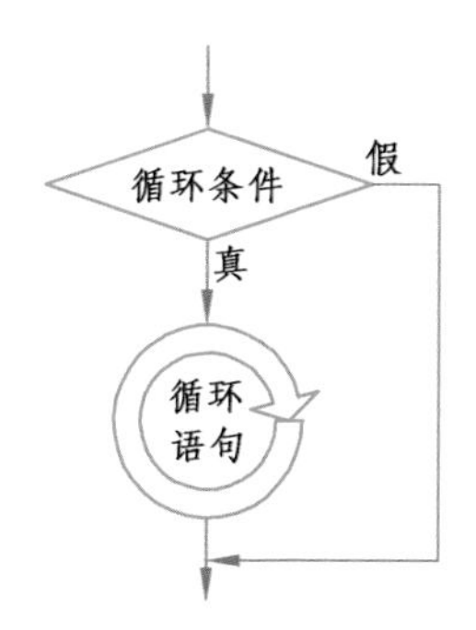

图 4-25　循环的逻辑结构

在编程语言中，循环控制结构一般分为 while 循环、do-while 循环和 for 循环三种，三种结构的编程思想类似，只是语法结构有所差异。以下分别通过相应的编程任务介绍这三种循环结构的具体逻辑结构和用法。

4.4.1　while 循环结构

设计并实现一程序，在屏幕上输出 5 行“I Love Programming!”。

按照传统的编程思想，初学者最易想到的就是连续编写 5 句“System.*out*.println(“I Love Programming!”)；”来实现这个效果。但是在实际的编程应用中，遇到此类问题还用这种方法来解决的话，就会显得非常繁杂，而且这也不是良好的编程思维。而借助循环结构，便可轻松地完成该任务，如图 4-26 所示。

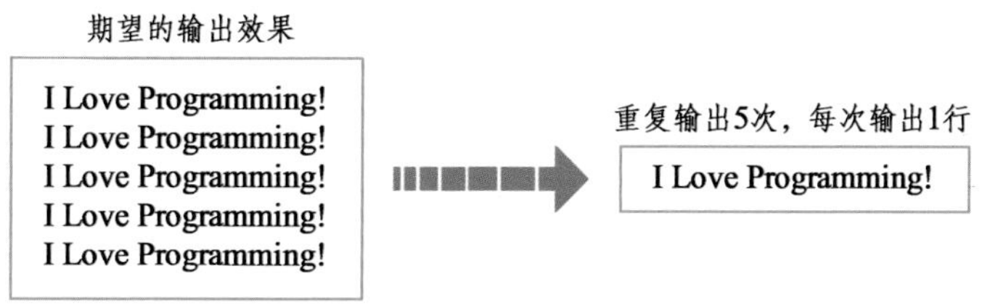

图 4-26　循环结构的逻辑理解

循环条件：输出次数小于等于 5 次。

循环语句：能实现在屏幕上输出“I Love Programming!”的语句。

在认真理解该任务的基础上，可以画出其程序流程图，如图 4-27 所示。

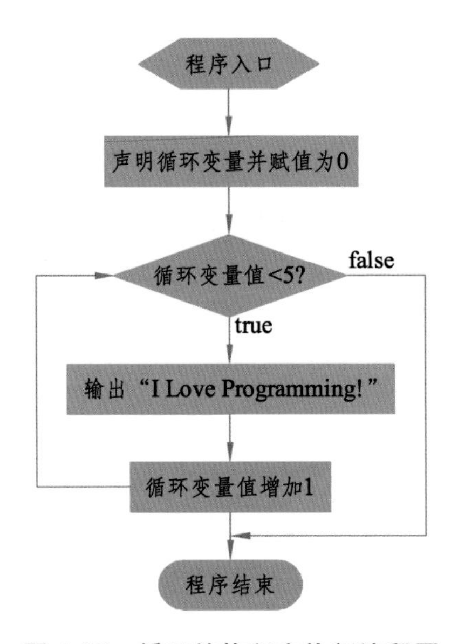

图 4-27 循环结构程序执行流程图

根据图 4-27 所示的程序流程图，可编写出如示例代码 4.7 所示的程序代码。

【示例代码 4.7】

```
/**
 * filename:WhileDemo1.java
 * while 循环示例
 * @author Sally
 */
public class WhileDemo1 {
    public static void main(String[] args) {
```

```
int i = 0; //循环变量声明并赋值
       //==循环条件判断
while(i<5){
  System.out.println("I Love Programming!"); //信息输出
  i++;  //循环变量自增 1
       }
System.out.println("i= "+i);
    }
}
```

运行上述代码后，得到如图 4-28 所示的运行结果。其代码执行顺序如图 4-29 所示。

```
Problems  @ Javadoc  Declaration  Console
<terminated> WhileDemo1 [Java Application] C:\Program Files\Java\jre7\bin\javaw.exe
I Love Programming!
I Love Programming!
I Love Programming!
I Love Programming!
I Love Programming!
i= 5
```

图 4-28　示例代码 4.7 运行结果

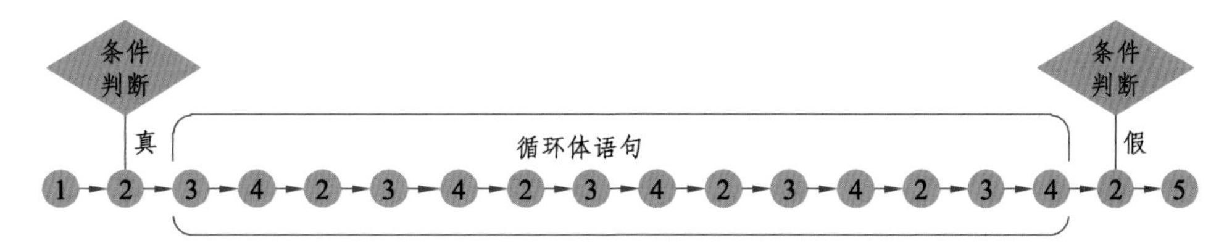

图 4-29　代码执行顺序

这是一个用 while 循环实现的任务，在该任务中，要求可以不停地从键盘输入 1 ~ 9 之间的数，并将所输入的数进行叠加求和；当不小心输入 0 或大于 9 的数时，程序停止运行。例如：从键盘输入 4；显示叠加结果为 4；再次输入 9 后，显示结果为 13；若输入 10，则显示“输入数不在有效范围内，程序结束!”。

在认真理解任务的基础上，可绘制出如图 4-30 所示的程序流程图。

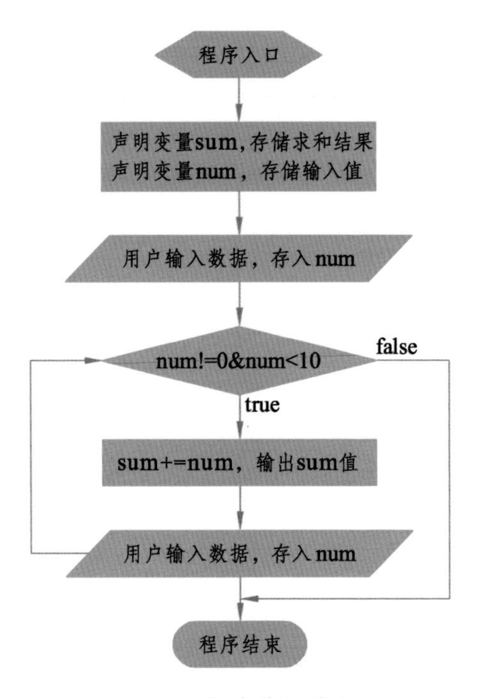

图 4-30　程序执行流程图

循环条件：输出的值不为 0 且不大于 9。

循环语句：从键盘接收数据，并将所输入的数值进行叠加求和。

根据图 4-30 所示的流程图可编写如示例代码 4.8 所示的程序代码。

【示例代码 4.8】

```
/**
 * filename:WhileDemo2.java
 * while 循环示例 2
 * @author Sally
 */
import java.util.*;
```

```
public class WhileDemo2 {
    public static void main(String[] args) {
        Scanner scan = new Scanner(System.in);
        int num =0,sum = 0;  //变量声明
        System.out.println("请输入0-9之间的整数: ");
        num = scan.nextInt(); //键盘输入值
        //==循环开始
        while(num !=0&num<10){
            sum +=num; //叠加求和
            System.out.println("输入数之和为: "+sum);
            System.out.println("请输入 0-9 之间的整数: ");
            num = scan.nextInt();
        }
        System.out.println("不在有效范围内, 程序结束! ");
    }
}
```

运行示例代码4.8，能看到如图4-31所示的运行结果。

```
<terminated> WhileDemo2 [Java Application] C:\Program Files\Java\jre7\bin\javaw.exe
请输入1-9之间的整数:
3
输入数之和为: 3
请输入1-9之间的整数:
4
输入数之和为: 7
请输入1-9之间的整数:
7
输入数之和为: 14
请输入1-9之间的整数:
11
不在有效范围内，程序结束!
```

图4-31　示例代码4.8的运行结果

while循环语句的结构如图4-32所示。

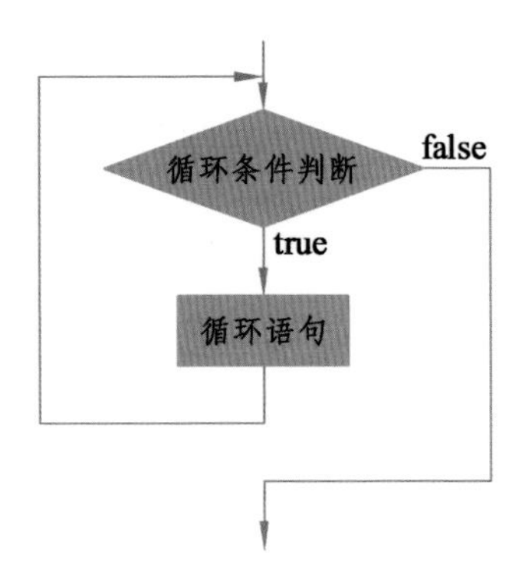

图 4-32 while 循环语句的结构

```
while(循环条件)
  {
循环语句;
  }
```

语法结构解读

while 循环结构又称“当型循环结构”，在执行过程中首先对循环条件进行判断，如果循环条件为真，则执行循环语句，否则跳过循环语句，执行 while 结构之后的其他语句。

4.4.2 do-while 循环结构

试编写程序实现以下功能：用户可以从键盘输入英文单词，输入后能看到所输入单词的长度；每次操作完根据提示选择是“继续输入”还是“退出操作”，如果输入“y”则继续单词的输入与求长度过程，若输入“n”则结束单词的输入操作。该任务要求用 do-while 循环结构实现。

根据任务描述，绘制出如图 4-33 所示的程序流程图。对于初学者来说，流程图的绘制很重要，因为它有助于编程者理解程序的执行逻辑，使得编写代码时的逻辑思维更加清晰。

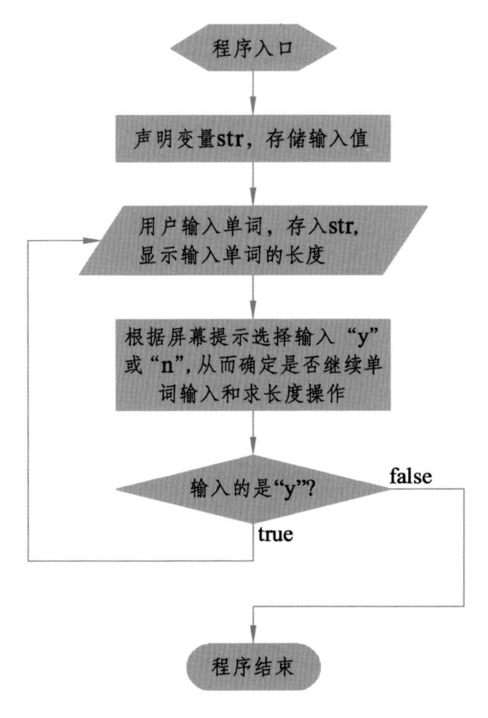

图 4-33　程序流程图

根据图 4-33，可编写出如示例代码 4.9 所示的代码。

【示例代码 4.9】

```
/**
 * filename:DowhileDemo.java
 * do-while 循环结构示例
 * @author Sally
 */
import java.util.Scanner;
public class DowhileDemo {
   public static void main(String[] args) {
```

```
            Scanner scan = new Scanner(System.in);
            String str = "";
            //==循环开始
            do{
                System.out.println("请输入英文单词:");
                str = scan.next();
                System.out.println("你输入的单词长度为:"+str.length());
                //显示字符串的长度
                System.out.println("还要继续输入吗? y/n?");
                str = scan.next();
            }while(str.equalsIgnoreCase("y"));
        }
    }
```

运行代码 4.9 后，其结果如图 4-34 所示。

```
<terminated> DowhileDemo [Java Application] C:\Program Files\Java\jre7\bin\javaw.exe
请输入英文单词:
hello
你输入的单词长度为:5
还要继续输入吗? y/n?
y
请输入英文单词:
Programming
你输入的单词长度为:11
还要继续输入吗? y/n?
n
```

图 4-34　示例代码 4.9 的运行结果

do-while 循环结构的执行流程如图 4-35 所示。

```
do{
    循环语句;
}
while(循环条件);
```

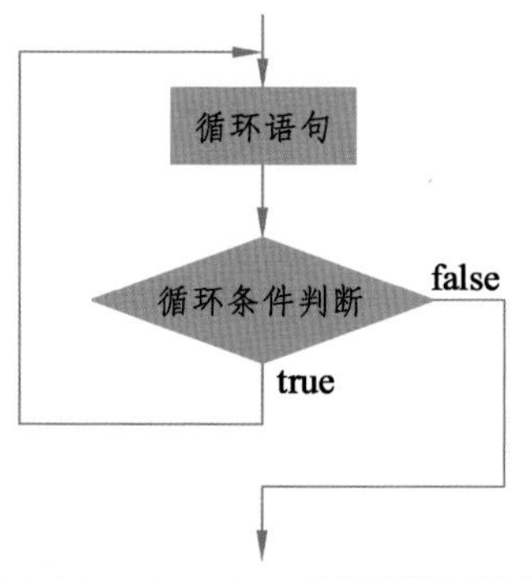

图 4-35　do-while 循环语句结构

do-while 循环结构又称“直到型循环结构”，在执行过程中首先执行循环语句，执行完后对循环条件进行判断，如果循环条件为真，则继续执行循环语句，直到循环条件不满足时退出循环，执行 do-while 结构之后的其他语句。

4.4.3 for 循环结构

设计并实现一程序，要求用 for 循环结构求出 1 ~ 100 之间所有偶数之和。

为完成该任务，先对其关键问题进行分析并提出解决办法，如表 4-2 所示。

表 4-2　任务的关键问题描述及解决办法

编号	关键问题描述	解决办法
1	参与运算的自变量 i，其值如何从 1 依次递增到 100 为止？	通过 i++实现自变量 i 值的变化，每次增加值为 1
2	如何判断自变量 i 是否为偶数？	通过表达式“i%2”的结果是否为 0 来判断 i 是否为偶数。（“%”为取余运算符，i 对 2 取余后，若余数为 0，则 i 为偶数）
3	如果自变量 i 为偶数，如何将其值与存储结果的变量 sum 进行叠加？	可用表达式 sum = sum +i 实现

根据上述分析，画出如图 4-36 所示的程序流程图。

循环条件：自变量 i 的值小于或者等于 100。

循环语句：如果自变量 i 是偶数，则将 i 的值和 sum 的值进行叠加。

自变量的变化：每次的变化量为 1。

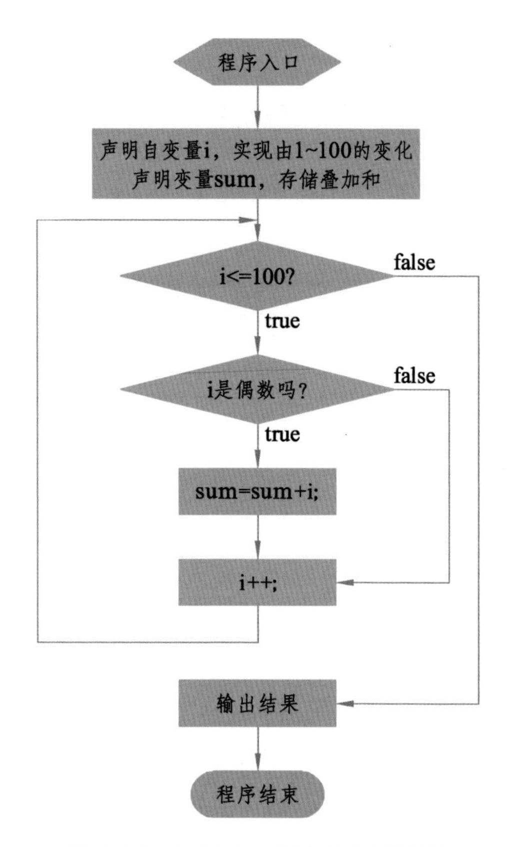

图 4-36　任务 4.8 程序执行流程图

根据图 4-36 所示的流程图，可编写出如示例代码 4.10 所示的代码。

【示例代码 4.10】

```
/**
 * filename:ForDemo1.java
 * for 循环示例
 * @author Sally
 */
```

```
public class ForDemo1 {
    public static void main(String[] args) {
        int sum = 0;
        for(int i=1;i<=100;i++){
            if(i%2==0)
                sum = sum +i;
        }
        System.out.println("1-100之间的偶数之和为："+sum);
    }
}
```

运行代码4.10后，得到如图4-37所示的结果。

```
<terminated> ForDemo1 [Java Application] C:\Program Files\Java\jre7\bin\javaw.exe
1-100之间的偶数之和为：2550
```

图4-37　示例代码4.10的运行结果

除上述方法外，还可将变量i变化的步长设置成2，将初值也设置为2，这样不需要对自变量进行是否为偶数的判断，就能实现同样的效果。

已知一个一维整型数组int[] num = {34,12,23,45,56,78,11,1,29,10}，要求从键盘输入一整数，并判断该数是否存在于该数组中。例如，如果输入的数是23，则在屏幕上输出“输入的数在数组中存在”；如果输入的数是89，则在屏幕上输出“输入的数在数组中不存在”。

数组就是一个连续的内存空间，用于存放数据类型一致的一批数据。为完成该任务，先对其关键问题进行分析并提出解决办法，如表4-3所示。

循环条件：自变量i的值小于数组的长度值。

循环语句：将用户输入的值与数组元素进行比较，如果相等，则设置标识flag为true，否则设置标识 flag 为 false。

自变量的变化：从 0 开始，依次变化到数组的长度减 1。

表 4-3　任务的关键问题描述及解决方法

编号	关键问题描述	解决办法
1	如何实现对数组中每个元素的访问，即如何取出数组中的每一个元素和输入的值进行比较？	通过 for 循环实现对数组的遍历，让数组下标依次从[0]变化到[数组的长度 − 1]，就可以实现对数组元素的依次访问
2	如何在对比完成后，显示用户输入的数是否在数组中存在？	设置一个标识 flag，在逐个的对比过程中，如果输入的数与数组中的某个元素相等，则设置 flag 的值为 true，并且用 break 语句退出当前循环，否则设置其值为 false。在整个数组遍历结束后，依据 flag 的值来判断及显示“存在”或者“不存在”

通过对任务的仔细分析，编写出如示例代码 4.11 所示的代码。

【示例代码 4.11】

```
/**
 * filename:ForDemo2.java
 * for 循环示例 2，数组遍历
 * @author Sally
 *
 */
import java.util.Scanner;
public class ForDemo2 {
    public static void main(String[] args) {
        int score[] =new int {34,12,23,45,56,78,11,1,29,10};
        //声明数组，并赋值
        Scanner scan = new Scanner(System.in);
        int num = 0;
```

```
        boolean flag = false;  //设置标识，赋初值为 false
        System.out.println("请输入值：");
        num = scan.nextInt();
        //==循环开始，实现对数组的遍历操作
        for(int i=0;i<score.length;i++){
            if(num==score[i]){
                flag=true;
                break;
            }else
            {
                flag = false;
            }
        }
        if(flag){
            System.out.println("输入的数在数组中存在");
        }else
            System.out.println("输入的数在数组中不存在");
    }

}
```

运行示例代码 4.11 后，得到如图 4-38 所示的运行结果。

```
<terminated> ForDemo2 [Java Application] C:\Program Files\Java\jre7\bin\javaw.exe
请输入值：
78
输入的数在数组中存在
```

图 4-38　示例代码 4.11 的运行结果

for 循环结构的执行流程如图 4-39 所示。

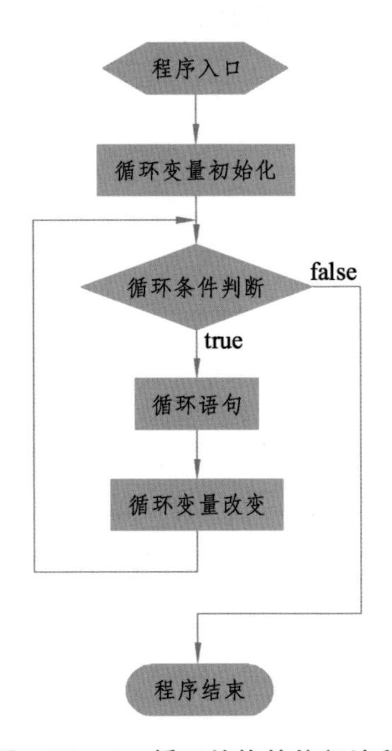

图 4-39 for 循环结构的执行流程

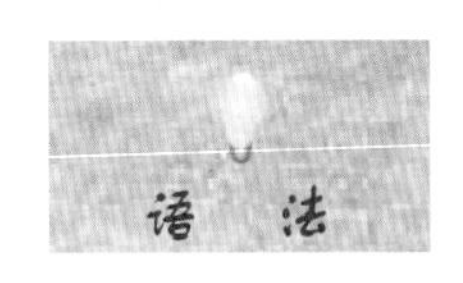


```
for（循环变量初始化；循环条件；改变变量值）
  {
   循环语句；
  }
```

语法结构解读

for 循环结构常用于循环次数已知的情况，比如数组的遍历等。这种结构的执行流程是先对循环变量赋初值，再进行循环条件判断，如果条件成立则执行循环语句，随后改变循环变量的值，再次进行循环条件判断，如此不断循环；如果条件不成立，则退出循环。在 for 循环结构中，循环变量值的改变间隔，通常称为步长。例如，循环变量从 1 变化到 2，再变化到 3，其步长为 1。

for 循环结构的执行顺序如下：

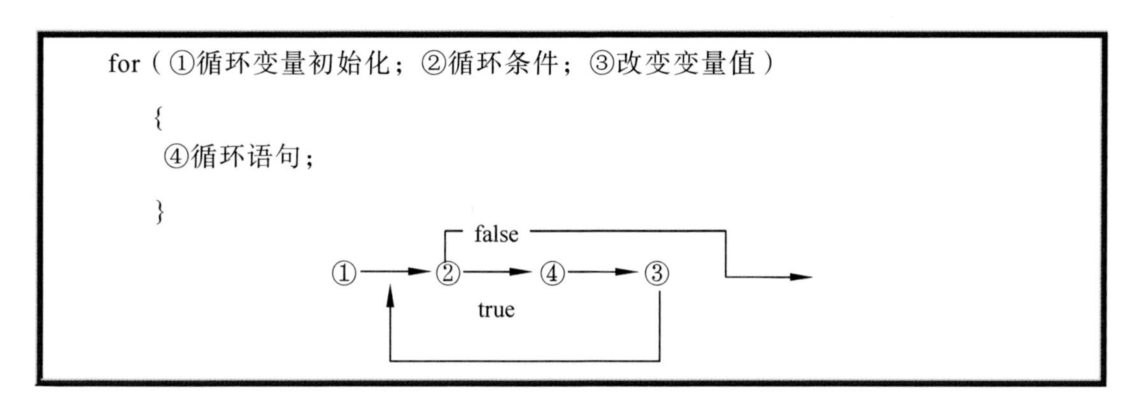

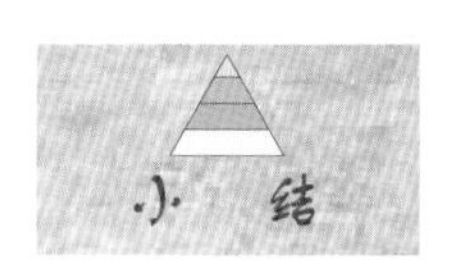

在编程过程中，如果需要重复执行某些语句，可以考虑采用上述 while、do-while、for 循环结构实现。这三种循环结构各有特点，在使用的时候可以根据实际情况选择使用哪一种循环结构。三种循环结构的对比如表 4-4 所示。

表 4-4　三种循环结构的对比

循环结构	特点	适用场合
while 循环	循环语句有可能执行，也有可能不执行，完全取决于循环条件的判断结果；其循环次数可以已知，也可以未知	常用于根据用户在程序执行过程中的操作来确定是否重复执行语句的情况
do-while 循环	先执行循环语句，再进行循环条件判断，所以其循环语句至少会被执行 1 次；其循环次数可以已知，也可以未知	常用于无论循环条件的判断结果如何，循环语句中的代码至少会被执行 1 次的情况，例如是否继续玩游戏或者是否继续执行程序之类的询问场合
for 循环	循环次数和循环变量步长通常已知；循环语句有可能执行，也有可能不执行，取决于循环条件的判断结果	常用于循环次数已知和循环变量的变化有规律的情况，例如数组的遍历等

4.4.4　死循环

死循环也被称为无限循环，从其字面意思理解就是循环语句无休止地执行下去，无法退出循环。如图 4-40 所示，死循环的循环条件始终为真，循环语句一直被执行，无法退出去执行其他语句。编程人员在编程过程中应该避免死循环。

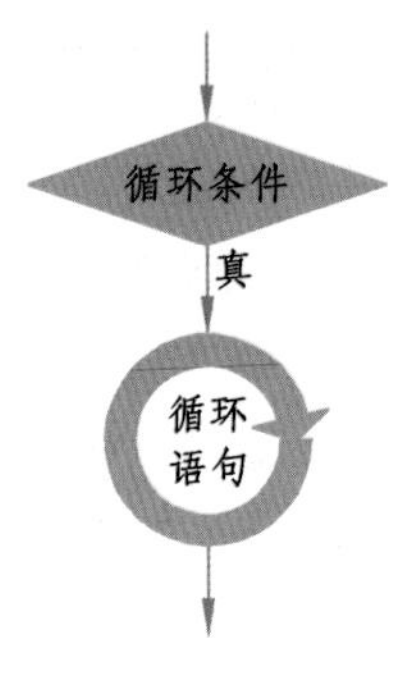

图 4-40 死循环

Tom 编写出了如示例代码 4.12 所示的代码，希望实现对 1 ~ 100 的自然数求和。试分析这段代码运行时能否得到正确的结果，并解释原因。

【示例代码 4.12】

```
/**
 * filename:EndlessLoop.java
 * 无限循环示例
 * @author Tom
 */
public class EndlessLoop {
    public static void main(String[] args) {
        ①int i = 1;  //循环变量
        ②int sum = 0;//求和变量
        ③while(i<=100){
            ④sum = sum +i;  //叠加求和
            ⑤System.out.println("1+2+3+......+100 = "+sum);
              //结果输出
        }
    }
}
```

运行代码 4.12 后，发现输出的结果是从 1 开始依次递增输出，且程

序没有终止的迹象。仔细分析代码发现，在上述五句代码中，第③句用于进行循环条件判断，条件成立就依次执行第④、⑤句代码。在这里，第④、⑤句代码即循环语句。i 的初值为 1，肯定小于 100，即循环条件为真，执行后续的④、⑤句代码，对 sum 进行叠加求和。但是在整个循环语句中，没有一句代码用于修改循环变量 i 的值，导致 i 的值始终为 1，始终满足其小于 100 的循环条件，造成了死循环，所以程序运行的时候出现了无休止执行的状况。面对类似的死循环代码时，解决问题的出发点就是要考虑如何让循环变量的值发生改变，使其值在某个时候不再满足循环条件，从而退出整个循环。依据这个思想，对示例代码 4.12 做出修改，得到如示例代码 4.13 所示的正确代码。

【示例代码 4.13】

```
/**
 * filename:EndlessLoop.java
 * 无限循环示例
 * @author Tom
 */
public class EndlessLoop {
    public static void main(String[] args) {
        ① int i = 1;  //循环变量
        ② int sum = 0;//求和变量
        ③ while(i<=100){
        ④ sum = sum +i;  //叠加求和
        ⑤ i++;  //循环变量自增
        ⑥ System.out.println("1+2+3+......+100="+sum);//结果输出
        }
    }
}
```

在代码 4.13 中，增加了一句“i++;”来改变循环变量的值，使 i 在递增的过程中终将超过 100，从而退出循环，得到正确的运行结果。

4.5 流程控制经典综合案例

设计并实现一个程序，用于模拟一台简单的老虎机。具体要求是：从 0～9 中随机选取三个数字并并排显示。当三个数字都相同时，输出“恭喜!!!!中奖啦!”；有两个数字相同时，显示“还差一点，加油!!”。

该案例是一典型的运用 if 语句解决现实问题的案例，其中的关键问题和解决办法如表 4-5 所示。

表 4-5　案例的关键问题及解决办法

编号	关键问题	解决办法
1	如何产生随机数?	用 Random 类的 nextInt()方法或者 Math 类的 random()方法产生 0～9 的随机数
2	如何判断三个数字完全相等?	假定随机产生的三个数分别为 num1、num2、num3，当三个数分别两两相等时，则这三个数完全相等。其关系表达式用与运算符“&”实现，即“num1= =num2&num2= =num3;”。只要三个数两两相等，则整个表达式的结果就为 true
3	如何判断三个数字中有两个数字相等?	三个数除了完全相等外，还有可能完全不相等或者两者相等。如果三个数中有两个数字是相等的，其关系表达式用或运算符“|”来实现，即“num1==num2|num2==num3|num1==num3;”。该表达式中只要任意两个数的值相等，则整个表达式的结果就为 true

根据上述分析，绘制出程序流程图，如图 4-41 所示。

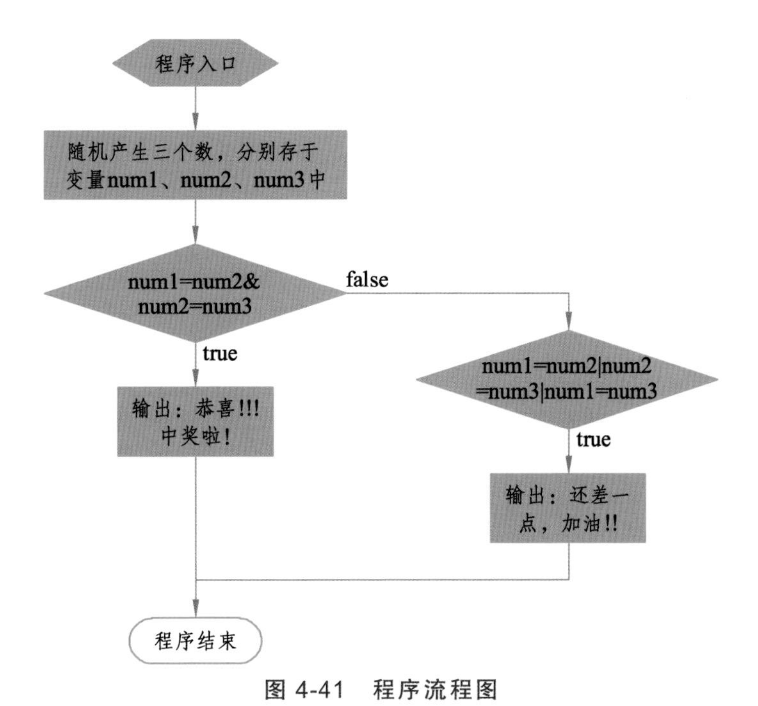

图 4-41　程序流程图

按照图 4-41 所示的程序流程，编写如示例代码 4.14 所示的代码。

【示例代码 4.14】

```
/**
 * filename:LittleTiger.java
 * 老虎机程序示例
 * @author Sally
 */
import java.util.*;
public class LittleTiger {
    public static void main(String[] args) {
        Scanner scan = new Scanner(System.in);//扫描对象
```

```
        int num1,num2,num3=0;  //三个存随机数的变量
        Random rand = new Random();//随机对象
        num1 = rand.nextInt(10);  //随机生成一个 0～9 的整数
        num2 = rand.nextInt(10);
        num3 = rand.nextInt(10);
        System.out.print(num1+"\t"+num2+"\t"+num3+"\t\n");
        //游戏逻辑判断
        if(num1==num2&num2==num3){
            System.out.println("恭喜!!!中奖啦! ");
        }else
        {
            if(num1==num2|num2==num3|num1==num3){
                System.out.println("还差一点，加油!!");
            }
        }
    }
}
```

运行示例代码 4.14 后，得到如图 4-42 所示的运行结果。

```
<terminated> LittleTiger [Java Application] C:\Program Files\Java\jre7\bin\javaw.exe
3	3	2
还差一点，加油!!
```

图 4-42 示例代码 4.14 的运行结果

小贴士

在现实中的许多软件中，经常会用到随机的概念，如“俄罗斯方块”游戏中下坠物形状的随机出现，软件登录验证时验证码的随机出现，打字游戏中字母的随机出现，等等。Java API 的 Java.util 包中提供了一个 Random 类来实现随机问题的处理。在具体的应用中，需要先创建 Random 随机类的一个对象，然后通过该对象调用其相应的方法来产生随机数。例如：

```
Random rand = new Random();//创建一个 Random 类的随机对象
```

```
int num = rand.nextInt(N);/*产生一个 0~(N-1)的随机整数，如果 N 的值为 10，
则产生 0~9 的随机整数*/
```

在案例 4.1 中，程序只能一次次地运行，能否修改该程序，使该老虎机游戏能够不停地玩下去，直到用户选择退出游戏为止？

在案例 4.1 的基础上，加上循环控制语句，就能满足案例 4.2 的要求。其逻辑图如图 4-43 所示。

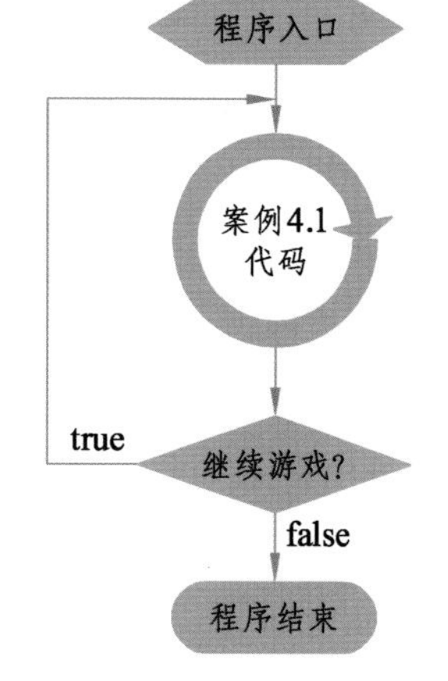

图 4-43　案例 4.2 逻辑思维图解

【示例代码 4.15】

```
/**
 * filename:SimpleTiger.java
 * 能不停玩耍的老虎机游戏
 * @author Sally
 */
import java.util.*;
public class SimpleTiger {
    public static void main(String[] args) {
        Scanner scan = new Scanner(System.in);
        int num1,num2,num3 = 0;  //三个存随机数的变量
        String again = null;  //字符串变量
        final int NUMBER = 10; //常量
        do{
            num1 = (int)(Math.random()*NUMBER);  //随机产生 0~9 的整数
```

```
            num2 = (int)(Math.random()*NUMBER);
            num3 = (int)(Math.random()*NUMBER);
            System.out.print(num1+"\t"+num2+"\t"+num3+"\t\n");
            //游戏逻辑判断
            if(num1==num2&num2==num3){
                System.out.println("恭喜!!!中奖啦! ");
            }else
            {
                if(num1==num2|num2==num3|num1==num3){
                    System.out.println("还差一点, 加油!!");
                }
            }
            System.out.println("还想继续游戏吗? 请输入(y/n)");
            again = scan.nextLine();
        }while(again.equalsIgnoreCase("y"));
    }
}
```

运行代码 4.16 后，将得到如图 4-44 所示的运行结果。

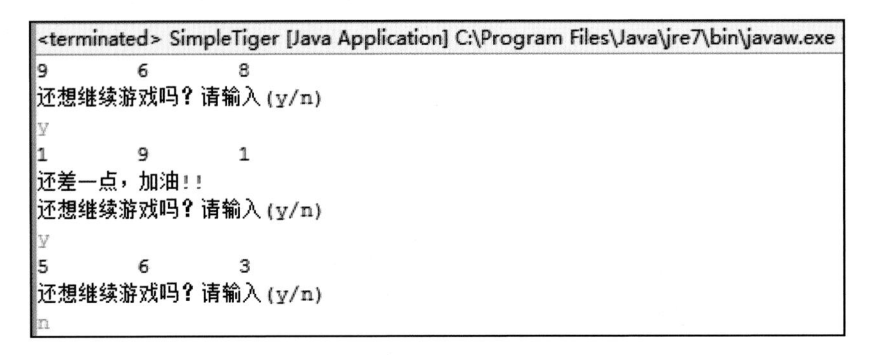

```
<terminated> SimpleTiger [Java Application] C:\Program Files\Java\jre7\bin\javaw.exe
9	6	8
还想继续游戏吗？请输入(y/n)
y
1	9	1
还差一点，加油!!
还想继续游戏吗？请输入(y/n)
y
5	6	3
还想继续游戏吗？请输入(y/n)
n
```

图 4-44　示例代码 4.15 的运行结果

小贴士

在示例代码 4.15 中，用到了不同于示例代码 4.14 中生成随机数的方式，它采用了 Math 类的 random()方法来生成随机数。调用 Math.random()方法后，得到带正号的

double 类型的数值，其值大于或等于 0.0，小于 1.0。以下代码分别阐释了语句执行后的结果：

```
double dNum = Math.random()*N; /*得到的值大于等于 0.0*N，小于
                                 1.0*N；如果 N 的值为 10，则得到
                                 的 dNum 值大于等于 1.0，小于 10*/
int iNum = (int)dNum;  /*由于该案例希望得到的是 0～9 之间的整数，所
                         以通过强制类型转换方式，将 double 类型的
                         dNum 变量强制转换成 int 类型的 iNum 变量*/
```

由图 4.2 所示的钻石图案输出代码截图可见，这段代码利用单行输出语句实现一行一行的星号输出，以完成由 10 行星号构成的钻石图案。但是当需求变为输出由 100 行，甚至是 1 万行星号构成的钻石图案时，再用之前的单条语句输出方式来解决问题就变得不现实了。在本案例中，将通过循环结构的运用来解决有不同行数要求的钻石图案的输出。

就本案例而言，将要求输出的一个由 10 行星号组成的钻石图案看作如表 4-6 所示的二维表。在该二维表中，每一行由空格和星号构成。仔细对每行的空格个数和星号个数进行分析，不难发现其中的规律。程序设计中的关键问题和解决方案如表 4-7 所示。

表 4-6　二维表

				*				
			*	*	*			
		*	*	*	*	*		
	*	*	*	*	*	*	*	
*	*	*	*	*	*	*	*	*
*	*	*	*	*	*	*	*	*
	*	*	*	*	*	*	*	
		*	*	*	*	*		
			*	*	*			
				*				

表 4-7 关键问题及解决方案

<table>
<tr><th>编号</th><th>关键问题</th><th>解决方案</th></tr>
<tr><td>1</td><td>钻石图案是如何构成的?</td><td>对于本案例，切记思维不可只局限在一个菱形的钻石图案中，可将“*”和“ ”（空格）当作一个整体来看待，这样就可以用一个二维数组来解决此问题。该二维数组的一维维度（即行数）和二维维度（即列数）与要求输出的星号行数一致。例如，要输出一个由 10 行“*”组成的钻石图案，则用于表述该钻石图案的是一个 10 行、10 列的二维表。可将图案的行数设置为常量 LIMIT，并赋值为 10，以便于循环次数的控制</td></tr>
<tr><td>2</td><td>“*”构成图案的规律是什么?</td><td>分析这个菱形的钻石图案，可发现它是一个对称的图案，由上三角形和下三角形图案构成。如果整个菱形的行数为LIMIT，则上三角形和下三角形的行数分别为(LIMIT/2)，即上、下三角形输出控制的一维维度为（LIMIT/2）。对行数的循环变量可设置为 row，并赋初值为 1，其值应小于等于一维的维度，即（LIMIT/2），语句结构如下所示：
for(row=1;row<=LIMIT/2;row++)
{…}</td></tr>
<tr><td>3</td><td>上三角形图案中每一行“*”、“ ”输出的规律是什么?</td><td>在表 4-6 所示的二维表中，每一行都有星号和空格，星号左侧的空格需要考虑其输出问题，星号右侧的空格可以不考虑输出问题，默认为空格部分。设置 star 为星号控制变量，space 为空格控制变量，则每一行的星号、空格个数如下表所示：
<table><tr><th>row</th><th>space</th><th>star</th></tr><tr><td>1</td><td>4</td><td>1</td></tr><tr><td>2</td><td>3</td><td>3</td></tr><tr><td>3</td><td>2</td><td>5</td></tr><tr><td>…</td><td>LIMIT/2-row</td><td>2*row-1</td></tr></table>由此可见，每一行的变量 space 与变量 row 的关系是 space<=LIMIT/2－row 时，输出空格；每一行的变量 star 与变量 row 的关系是 star<2*row－1 时，输出星号。因此，三角形的空格、星号输出控制可用以下代码实现：
for(row=1;row<=LIMIT/2;row++)
{
for(space=1;space<=LIMIT/2-row;space++)
{System.out.print(" ");
for(star=1;star<=2*row-1;star++)
{System.out.print("*");}
System.out.print("\n");
}</td></tr>
</table>

续表 4-7

<table>
<tr><th>编号</th><th>关键问题</th><th>解决方案</th></tr>
<tr><td>4</td><td>下三角形图案中每一行“*”、“ ”输出的规律是什么？</td><td>与第三步的分析类似，设置 star 为星号控制变量，space 为空格控制变量，则每一行的星号、空格个数分析如下表所示：
<table>
<tr><th>row</th><th>space</th><th>star</th></tr>
<tr><td>1</td><td>0</td><td>9</td></tr>
<tr><td>2</td><td>1</td><td>7</td></tr>
<tr><td>3</td><td>2</td><td>5</td></tr>
<tr><td>…</td><td>row-1</td><td>LIMIT-2*row+1</td></tr>
</table>
同样，每一行的变量 space 与变量 row 的关系是 space<row－1 时，输出空格；每一行的变量 star 与变量 row 的关系是 star<LIMIT－2*row+1 时，输出星号。因此，下三角形的空格、星号输出控制可用以下代码实现：
<pre>
for(row=1;row<=LIMIT/2;row++){
  for(space=1;space<=ro2;space++)
    {System.out.print(" ");}
  for(star=1;star<=LIMIT-2*row+1;star++)
    {System.out.print("*");}
  System.out.print("\n");
}
</pre></td></tr>
</table>

通过上述分析，可写出如示例代码 4.16 所示的代码。

【示例代码 4.16】

```
/**
 * filename:StarDemo.java
 * 钻石图案输出示例
 * @author Sally
```

```
 */
public class StarDemo {
    //==程序入口
    public static void main(String[] args) {
        final int LIMIT = 10;  //总行数
        int space = 0;  //空格输出控制变量
        int row = 0;    //行控制变量
        int star = 0;   //星号输出控制变量
        //==上三角形输出
        for(row=1;row<=LIMIT/2;row++){
            for(space=1;space<=LIMIT/2-row;space++){
                System.out.print(" ");
            }
            for(star=1;star<=2*row-1;star++){
                System.out.print("*");
            }
            System.out.print("\n");
        }
        //==下三角形输出
        for(row=1;row<=LIMIT/2;row++){
            for(space=1;space<=row-1;space++){
                System.out.print(" ");
            }
            for(star=1;star<=LIMIT-2*row+1;star++){
                System.out.print("*");
            }
            System.out.print("\n");
        }
    }
}
```

运行示例代码 4.16 后，得到如图 4-45 所示的结果。

图 4-45　示例代码 4.16 的运行结果

在案例 4.3 中，如果希望输出的是 100 行、1000 行的钻石图案，只需将代码中的常量 LIMIT 设置为 100 或 1000 即可。

猜拳是一款双人玩的传统游戏，请设计并实现一个用户与计算机交互的猜拳游戏程序。当游戏开始时，计算机要随机产生 1 个选项但暂不显示出来（约定用 1 代表石头，用 2 代表剪刀，用 3 代表布），用户在屏幕显示提示信息“请输入您的选项：1-石头、2-剪刀、3-布”之后，从键盘输入 1 个选项，此时，屏幕上同时显示出计算机和用户的选项，根据计算机和用户的选项来决出胜负，并计算双方的输赢次数、和局次数。直到用户选择“退出游戏”，游戏才结束。规则为石头赢剪刀，剪刀赢布，布赢石头。

案例 4.4 是一个运用选择语句、多分支语句以及循环语句来实现的综合性较强的案例，有助于初学者巩固对这几种流程控制语句的掌握。程序设计中的关键问题和解决方案如表 4-8 所示。

表 4-8　关键问题及解决方案

编号	关键问题	解决方案
1	如何控制程序的执行流程？	用 do-while 循环结构控制游戏的重复执行次数。游戏从开始后就可以一直玩，每玩一次，可以在屏幕上提示“Play again (y/n)?”，如果用户输入 Y 或 y，则继续游戏，如果输入 Y 或 y 以外的字母则结束游戏

续表 4-8

编号	关键问题	解决方案
2	游戏中，怎么存储计算机和玩家所出的拳？	（1）可事先约定有 3 个整数 1、2、3，1 代表石头，2 代表布，3 代表剪刀。在本案例中可分别用三个常量来表示，即 ROCK = 1，PAPER = 2，SCISSORS = 3； （2）计算机所出的拳是在 1～3 这三个整数之间随机产生的，可通过之前所介绍的方法产生 1～3 之间的随机数； （3）玩家可按照事先的约定，从键盘输入 1、2、3 这三个整数来代表所出的拳
3	如何判定胜者是计算机还是玩家？	设定变量 computer 用于存储计算机所出的拳，用多分支语句，分三种情况进行胜负的判断，如下图所示： 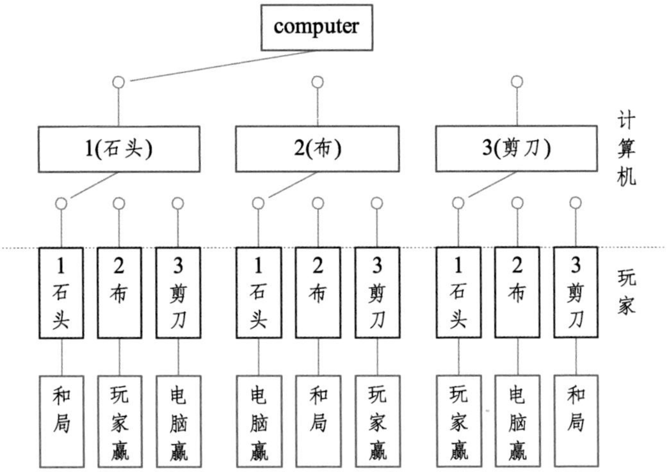 computer 1(石头) 2(布) 3(剪刀) 计算机 1 石头 2 布 3 剪刀 1 石头 2 布 3 剪刀 1 石头 2 布 3 剪刀 玩家 和局 玩家赢 电脑赢 电脑赢 和局 玩家赢 玩家赢 电脑赢 和局

通过上述分析，可写出如示例代码 4.17 所示的代码。

【示例代码 4.17】

```
/**
 * filename: RPSGame.java
 * 剪刀、石头、布游戏
 * @author Sally
 */
```

```
import java.util.Scanner;
public class RPSGame
{

//-----------------------------------------------------------------
   // 玩家和计算机玩剪刀石头布游戏.

//-----------------------------------------------------------------
   public static void main (String[] args)
   {
      final int NUMBER = 3;
      final int ROCK = 1, PAPER = 2, SCISSORS = 3;/*约定1为石头, 2为
                                                  布, 3为剪刀*/
      final int COMPUTER = 1, PLAYER = 2, TIE = 3;

      int computer, player, winner = 0;
      int wins = 0, losses = 0, ties = 0;
      String again;
      Scanner scan = new Scanner(System.in);
      do
      {
         computer = (int) (Math.random() * NUMBER) + 1; /*随机产生1~3
                                                        之间的整数*/
         System.out.println();
         System.out.print ("请输入你的选择 - 1 for 石头, 2 for " +
                           "布, and 3 for 剪刀: ");
         player = scan.nextInt();
         scan.nextLine();
         System.out.print ("电脑选择的是 ");
         // 胜负的判断
         switch (computer)
         {
```

```
case ROCK://电脑出石头的时候
  System.out.println ("石头.");
  if (player == SCISSORS)
    winner = COMPUTER;
  else
    if (player == PAPER)
      winner = PLAYER;
    else
      winner = TIE;
  break;

case PAPER: //电脑出布的时候
  System.out.println ("布");
  if (player == ROCK)
    winner = COMPUTER;
  else
    if (player == SCISSORS)
      winner = PLAYER;
    else
      winner = TIE;
  break;

case SCISSORS: //电脑出剪刀的时候
  System.out.println ("剪刀.");
  if (player == PAPER)
    winner = COMPUTER;
  else
    if (player == ROCK)
      winner = PLAYER;
    else
      winner = TIE;
}
```

```
        //打印输出结果
        if (winner == COMPUTER)
        {
          System.out.println ("电脑赢了!");
          losses++;
        }
        else
          if (winner == PLAYER)
          {
            System.out.println ("玩家赢了!");
            wins++;
          }
          else
          {
            System.out.println ("和局!");
            ties++;
          }
        System.out.println();
        System.out.print ("Play again (y/n)? ");
        again = scan.nextLine();
      }
      while (again.equalsIgnoreCase ("y"));
      //打印最终的游戏结果
      System.out.println();
      System.out.println ("玩家赢了 " + wins + " 次.");
      System.out.println ("玩家输了 " + losses + "次.");
      System.out.println ("和局 " + ties + "次.");
  }
}
```

运行示例代码 4.17 后，得到如图 4-46 所示的结果。

```
Problems  @ Javadoc  Declaration  Console
<terminated> RPSGame [Java Application] C:\Program Files\Java\jre7\bin\javaw.exe

请输入你的选择 - 1 for 石头, 2 for 布, and 3 for剪刀: 1
电脑选择的是 剪刀.
玩家赢了!

Play again (y/n)? y

请输入你的选择 - 1 for 石头, 2 for 布, and 3 for剪刀: 2
电脑选择的是 布
和局!

Play again (y/n)? n

玩家赢了 1 次.
玩家输了 0次.
和局 1次.
```

图 4-46　示例代码 4.17 的运行结果

通过对这部分内容的学习和实践，请填写表 4-9，对自己的知识理解、学习和技能掌握情况做出评价（在相应的单元格内画“√”）。

表 4-9　自我评价

序号	学习目标	达到	基本达到	没有达到
1	能清晰地描述某个程序的执行流程			
2	能用 if-else 选择语句结构编写程序解决实际问题			
3	能用 switch 多分支语句结构编写程序解决实际问题			
4	能用 for 循环控制结构编写程序解决实际问题			
5	能用 while 循环控制结构编写程序解决实际问题			
6	能用 do-while 循环控制结构编写程序解决实际问题			

一、选择题

1. 下列语句序列执行后，i 的值是（　　）。

```
int i=8,j=16;
if (i-1 >j )
   i--;
else
   j--;
```

A. 16

B. 15

C. 7

D. 8

2. 下列语句序列执行后，k 的值是（　　）。

```
int i = 10 , j = 18 , k = 30;
switch ( j - i )
{
   case 8: k++;
   case 9:k+ = 2;
   case 10: k+ = 3;
   default : k/ = j;
}
```

A.32

B.31

C.2

D.33

3. 若 a 和 b 均是整型变量并已正确赋值，正确的 switch 语句是（　　）。

A. switch(a+b);　{……}

B. switch(a+b*3.0) {……}

C. switch a {……}

D. switch(a%b) {……}

4. 下列语句执行后，k 的值是（　　）。

```
int m=3,n=6,k=0;
while((m++)<(--n))   ++k;
```

A.0

B.1

C.2

D.3

5. 以下由 do-while 语句构成的循环结构执行的次数是（　　）。

```
int k=0;
do{++k;}
while(k<1);
```

A. 0

B. 1

C. 无限次

D. 语法错误，不能执行

二、填空题

1. 方法 fun 的功能是求两参数的积，试补充缺失的代码。

```
int fun(int a,double b)
{________________________;}
```

2. 写出下列语句的执行结果：

```
int num = 1,max = 20;
    while(num<max)
    {if(num%3==0)
       System.out.print(num+"\t");
       num++;}
```

结果是____。

3. 在 switch 语句中，在每个 case 子句后进行跳转的语句是______________。

4. 逻辑表达式 true&&false&&true 的结果是______________。

三、实践操作题

1. 编程实现：从键盘输入一个年份，判断其是否为闰年。（判断闰年的条件：年份能被4整除并且不能被100整除，或者年份能被100整除并且能被400整除。）

2. 编程实现：输入一个百分制的成绩，输出对应等级。90～100分的等级为A，80～89分的等级为B，70～79分的等级为C，60分以下的等级为D。

3. 商场实行新的抽奖规则：会员号的百位数字等于产生的随机数字即为幸运会员。编程实现：

（1）从键盘接收会员号；

（2）使用if-else结构实现幸运抽奖。

4. 编程实现：从键盘输入一个数，判断其是奇数还是偶数。

5. 编程实现：从键盘输入一个大于1的正整数，判断该数是否为素数。

提示：素数（prime number）又称质数，有无限个。一个大于1的自然数，如果不能被除了1和它本身以外的其他自然数整除（除0以外），则称之为素数（质数），否则称为合数。

学习任务 5　查找和排序算法实例

本学习任务将从现实生活着手，重点培养初学者对顺序查找法、二分查找法和冒泡排序法的掌握及运用。

学习目标

- 能用顺序查找法编写程序解决实际问题；
- 能用二分查找法编写程序解决实际问题；
- 能用冒泡排序法编写程序解决实际问题。

5.1　顺序查找

在平时的生活、学习、工作中，我们几乎每天都在进行“查找”工作，比如，翻阅手机中保存的手机号码进行信息沟通，在 QQ 好友列表中找到好友进行聊天，翻阅词典查询不认识的单词的含义和读法。

顺序查找又称线性查找，是一种最基本的查找方法。顺序查找的基本思想是：从查找表的一端开始，顺序扫描线性表，依次将扫描到的结点关键字和给定值 K 相比较。若当前扫描到的结点关键字与 K 相等，则查找成功；若扫描结束后，仍未找到与 K 相等的结点关键字，则查找失败。

假设线性表中有下列元素：12、34、7、25、8、45、68、9、11、93。要在线性表中查找元素 7 是否存在，采用顺序查找法查找的过程如下：

（1）取出线性表中的第一个元素，比较该元素是否和待查找的元素 7 相等。第一个元素为 12，不等于 7，进入第（2）步。

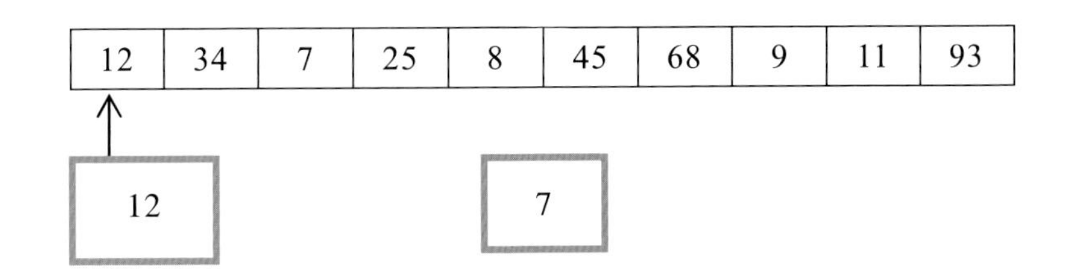

（2）取出第二个元素，比较该元素是否和待查找的元素 7 相等。第二个元素为 34，不等于 7，进入第（3）步。

（3）取第三个元素，比较该元素是否和待查找的元素 7 相等。第三个元素为 7，等于要查找的元素，查找成功。

至此，在此次查找过程中共比较了三个元素。

类似地，假设要在该线性表中查找元素 17 是否存在，采用顺序查找法查找的过程如下：

（1）取出线性表中的第一个元素，比较该元素是否和待查找的 17 相等。第一个元素为 12，不等于 17，进入第（2）步。

（2）用同样的方法取出第二到第九个元素并进行比较。由于它们均不等于 17，故进入下一步。

（3）取出最后一个元素并与待查找的 17 相比较。最后一个元素为 93，不等于 17。由于线性表中每一个元素都和待查找的 17 不相等，故查找失败。

至此，整个查找过程结束，在此次查找过程中共比较了 10 个元素。

顺序查找法是最简单的查找方法。不管线性表是顺序存储还是链式存储，也不管线性表中的数据是有序还是无序，均可采用顺序查找法。示例代码 5.1 就是最简单的顺序查找法的示例。

【示例代码 5.1】

```
#include <stdio.h>
//查找函数，查找成功返回待查找的元素在数组 a 中的下标，查找失败，返回-1
int seqSearch(int a[],int len,int key)
{
    int i=0;
    //从线性表表头开始依次取表中元素和待查找的元素进行比较
    for(i;i<len;i++)
    {
        if(a[i]==key)
            return i;//查找成功
    }
    return -1;//查找失败
}
void main()
{
```

```
    int a[10]={12,34,7,25,8,45,68,9,11,93},len=10;
    int index,key;//key 存放要查找的元素
    key=7;
    index=seqSearch(a,10,key);
    if(index==-1)
        printf("查找失败，%d 不是数组 a 的元素!\n",key);
    else
        printf("查找成功，%d 是数组 a 的第%d 个元素！\n",key,index+1);
}
```

经过分析可知，这段代码能实现从线性表{12,34,7,25,8,45,68,9,11,93}中查找元素 7 是否存在。上述代码用数组来存储线性表中的元素，并按照数组下标从小到大的顺序依次取出元素和待查找元素 7 进行比较。

代码运行结果如图 5.1 所示。

图 5-1　示例代码 5.1 的运行结果

顺序查找是从线性表的一端开始依次取出表中的元素和待查找元素进行比较。示例代码 5.1 是按照从左到右的顺序依次取出表中的元素。也可以按照从右到左的顺序依次取出表中的元素进行比较，如示例代码 5.2 所示。

【示例代码 5.2】

```
#include <stdio.h>
//查找函数，查找成功则返回待查找的元素在数组 a 中的下标，查找失败则返回-1
int seqSearch(int a[],int len,int key)
{
    int i;
   //从线性表尾部依次向前取出元素和待查找元素进行比较
    for(i=len-1;i>=0;i--)
    {
        if(a[i]==key)
            return i;
    }
    return -1;
}
void main()
{
    int a[10]={12,34,7,25,8,45,68,9,11,93},len=10;
    int index,key;//key 存放要查找的元素
    key=7;
    index=seqSearch(a,10,key);
    if(index==-1)
        printf("查找失败，%d 不是数组 a 的元素!\n",key);
    else
        printf("查找成功，%d 是数组 a 的第%d 个元素! \n",key,index+1);

}
```

线性表中存放了十名学生的获奖信息，要求编写程序实现根据姓名查询某学生是否获奖。线性表中存放的学生信息包括：学号、姓名、平均成绩和综合素质分。

根据题目要求进行分析，存放的学生信息包括学号、姓名、平均成绩和综合素质分，这四项信息属于不同的数据类型，应该用到结构体类型。已知存放的获奖学生的人数为十人，可以采用数组来存放。

根据上述分析，可编写出如示例代码 5.3 所示的代码。

【示例代码 5.3】

```
#include <stdio.h>
#include <string.h>
//定义结构体类型 STU，用于存放学生信息
typedef struct STUDENT
{
    char id[10];//学号
    char name[20];//姓名
    int avgScore;//平均分
    int mark;//综合素质分
}STU;
//顺序查找函数，当数组 s 中有变量 name 中保存的学生时，返回其所在下标，如果
//没有，返回-1
int seqFind(STU s[],int len,char *name)
{
    int i;
    for(i=0;i<len;i++)
    {
        if(strcmp(s[i].name,name)==0)
            return i;//查找成功，返回下标
    }
    return -1;//查找失败，返回-1
}
void main()
{
    //定义结构体数组 stu，用于存放十名学生的获奖信息
    STU stu[10]={
    {"1001","ZhangSan",85,90},{"1002","Lisi",86,87},
```

```
    {"1003","WangQiang",84,88},{"1004","QinShumei",88,92},
    {"1005","Wanglihong",80,95},{"1006","Zhangxueyou",82,88},
    {"1007","WangFei",89,94},{"1008","Luoxiaogang",83,89},
    {"1009","superman",90,95},{"1010","Wangmazi",93,89}
    };
    char name[20];
    printf("\n请输入要查询的学生的姓名: ");
    scanf("%s",name);
    if(seqFind(stu,10,name)!=-1)
        printf("\n恭喜你%s获奖! \n",name);
    else
        printf("\n%s,很遗憾告诉你，就差一点就获奖了，请继续努力。
\n",name);
}
```

运行上述代码，输入要查询的学生姓名“WangFei”后，得到如图 5.2 所示的运行结果。

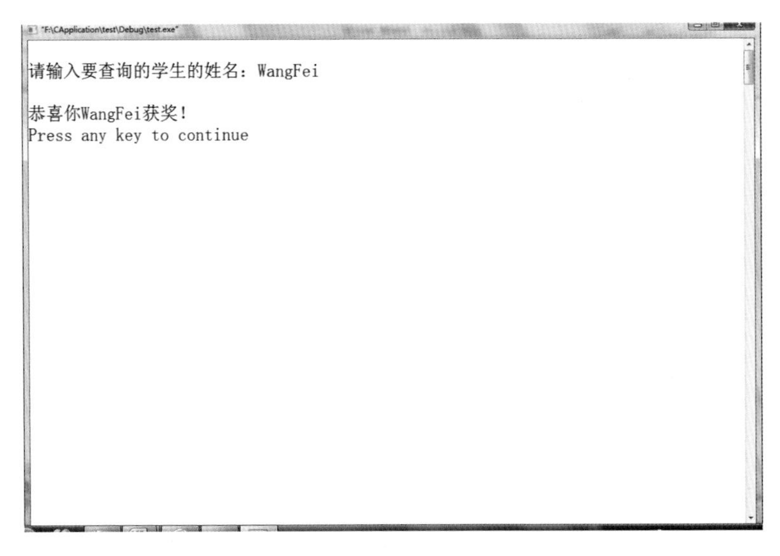

图 5-2　输入“Wang Fei”时的查找结果

当输入的学生姓名为“WangFeiFei”时，得到如图5-3所示的运行结果。

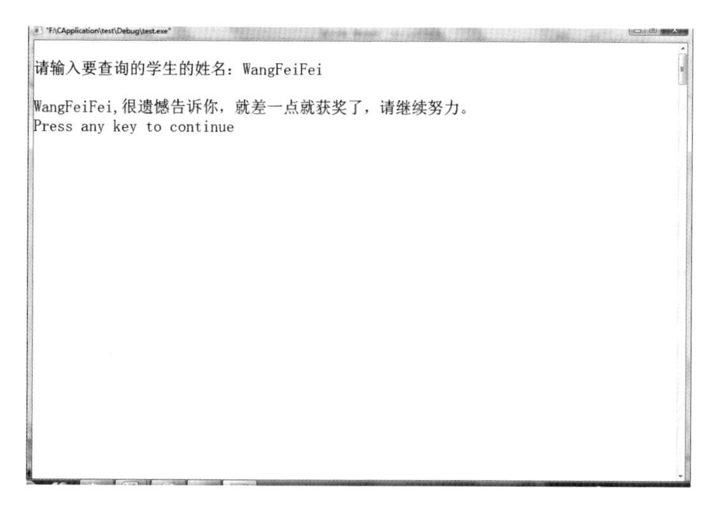

图5-3　输入“Wang FeiFei”时的查询结果

顺序查找是最基本的查找方法，它是从查找表的一端开始依次取出表中的元素和待查找元素进行比较，若相同则查找成功，同时查找结束。如果查找表中的每一个元素都与待查找元素不同，则查找失败，同时查找结束。

5.2　二分查找

我们在阅读英文资料时，若遇到不认识的单词，经常会查阅英汉词典。因为英汉词典都是按照收录单词的字母顺序排列的，所以我们在查找时通常先将词典从中间翻开，如果要查找的单词的首字母排在所翻开的这一页中单词的首字母之前，则要查找的单词将会出现在该页之前，如果要查找的单词的首字母排在所翻开的这一页中单词的首字母之后，则要查找的单词将会出现在该页之后。按照这种方法不断向前或向后翻，就会找到要查找的单词。

二分查找又叫折半查找，要求查找表必须采用顺序存储结构并且表中的元素必须有序。假设查找表采用顺序存储且表中元素从小到大排列，则二分查找的基本思想为：从查找表中取中间的元素和待查找的元素进行比较，如果相等则查找成功；如果待查找元素小于中间元素，则在中间元素的左区间继续查找；如果待查找元素大于中间元素，则在中间元素的右区间继续查找。不断重复上述过程，直到查找成功。如果始终没有找到和待查找元素相同的元素，则查找失败。

下面以从有 11 个元素的有序表（12,15,21,26,32,35,41,48,55,59,70）中查找 21 和 68 为例，介绍二分查找的原理。假设用 low 和 high 指示查找区间的下界和上界，用 mid 指示中间的元素。

查找 21 的过程如下：

第一次比较时，查找区间为整个查找表。low 指示第一个元素 12，其值为该元素的下标 0；high 指示最后一个元素 70，其值为该元素的下标 10；mid=(low+high)/2，为该区域中间元素 35 的下标。待查找的元素 21 小于中间元素 35，说明待查找元素 21 若存在，只可能出现在 mid 的左区间。接下来令 high=mid－1，在新的区间中重新计算 mid，进行比较。

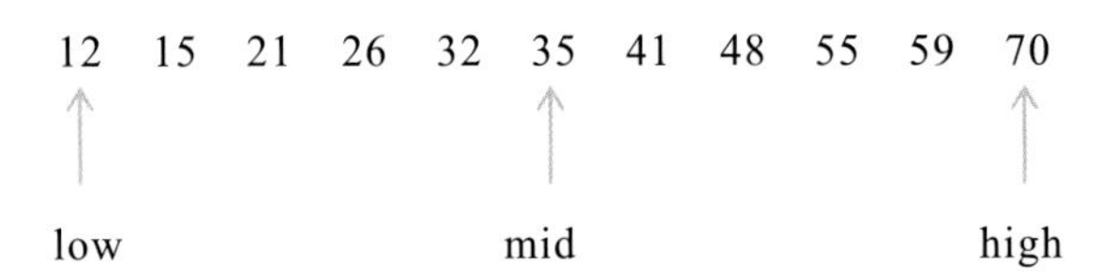

第二次比较时，在新的查找区间中计算出 mid=(0+4)/2 = 2。将 mid 所指示的下标为 2 的元素和待查找的元素 21 进行比较，二者相等，查找成功。

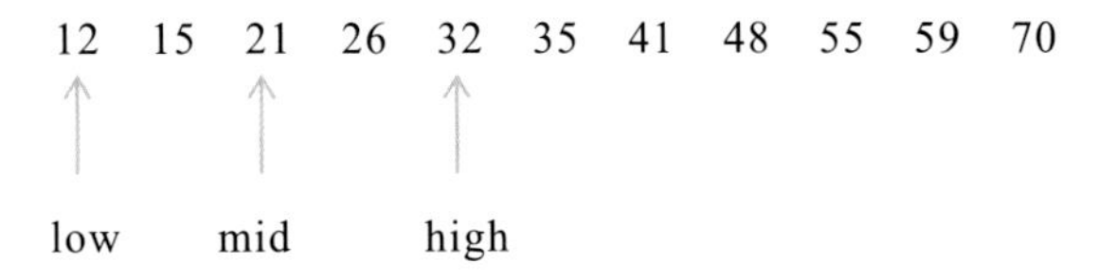

查找 68 的过程如下：

第一次比较时，查找区间为整个查找表。low 为第一个元素 12 的下标，即 0；high 为最后一个元素 70 的下标，即 10；mid=(low+high)/2，为该区域中间元素 35 的下标。待查找的元素 68 大于中间元素 35，说明待查找元素 68 若存在，只可能出现在 mid 的右区间。接下来令 low=mid+1，在新的区间中重新计算 mid，进行比较。

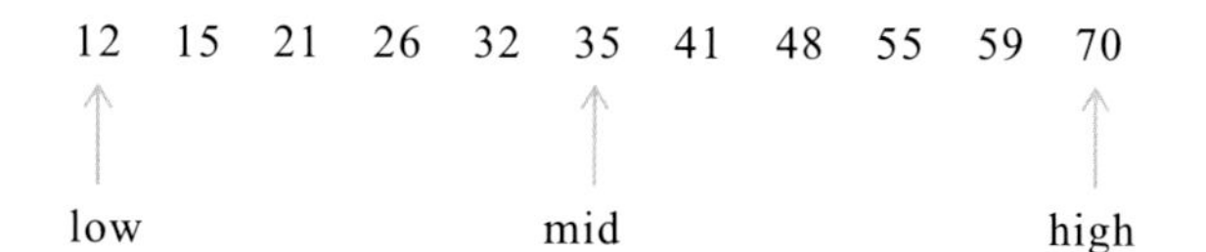

第二次比较时，在新的查找区间中计算出 mid=(6+10)/2 = 8。mid 所指示的元素为 55，小于待查找的元素 68，说明待查找元素 68 若存在，只可能出现在 mid 的右区间。接下来令 low=mid+1，在新的区间中重新计算 mid，进行比较。

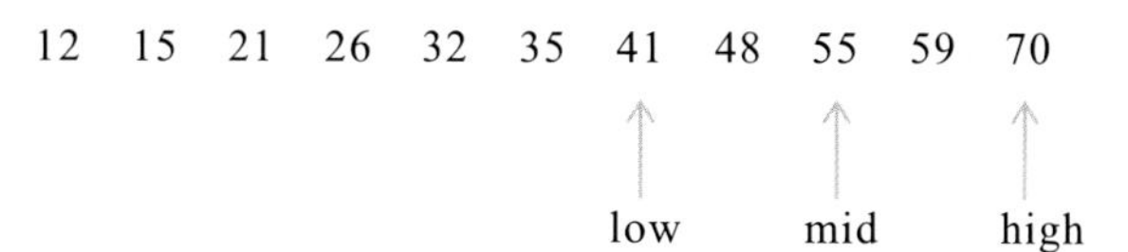

第三次比较时，在新的查找区间中，计算出 mid=(9+10)/2 = 9。mid 所指示的元素为 59，小于待查找的元素 68，说明待查找的元素 68 若存在，只可能出现在 mid 的右区间。接下来令 low=mid+1，在新的区间中重新计算 mid，进行比较。

12　15　21　26　32　35　41　48　55　59　70

low high

mid

第四次比较时，在新的查找区间中，计算出 mid=(10+10)/2 = 10。mid 所指示的元素为 70，大于待查找的元素 68，说明待查找的元素 68 若存在，只可能出现在 mid 的左区间中。令 high=mid－1，此时 high=9, low=10,下界>上界，说明查找表中没有值为 68 的元素，查找失败。

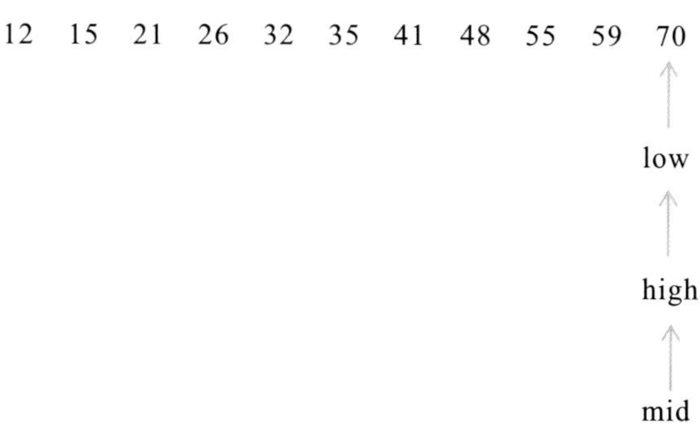

编程实现从有 11 个元素的有序表(12,15,21,26,32,35,41,48,55,59,70)中查找 21 和 68。

采用二分查找的关键是确定查找区间，如果区间合理（区间下界<=区间上界），将该区间中间的元素取出来和待查找元素进行比较，若两元素相等，则查找成功，否则根据比较结果确定下次查找的区间，直到查找成功或查找失败(即查找区间不合理)。初始查找区间为整个查找表。根据二分查找的思想，得出该任务的流程图，如图 5-4 所示。

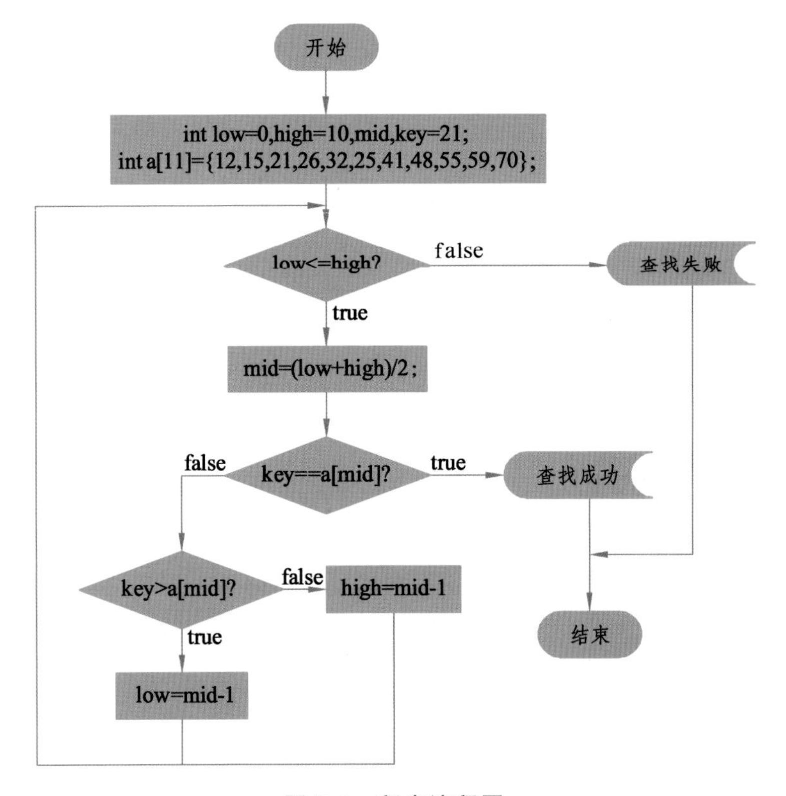

图 5-4 程序流程图

根据图 5-4 所示的程序执行流程，可编写出如示例代码 5.4 所示的代码。

【示例代码 5.4】

```
#include <stdio.h>
/*二分查找函数，数组 a 中保存查找表的元素，len 表示查找表的长度，key 表示要
查找的元素*/
int binSearch(int a[],int len,int key)
{
    int low,high,mid;
    //low 表示查找区间的下界，high 表示查找区间的上界
    low=0;high=len-1;
    //查找区间合理循环
    while(low<=high)
    {
        mid=(low+high)/2;//取查找区间中间元素的下标
        if(a[mid]==key)
        {
            return mid;//查找成功，返回该元素所在下标
        }
        if(a[mid]<key)
            low=mid+1;//待查找元素在 mid 的右区间，修改查找区间下界
        else
            high=mid-1;//待查找元素在 mid 的左区间，修改查找区间上界
    }
    return -1;//查找失败，返回-1
}
void main()
{
    int a[11]={12,15,21,26,32,35,41,48,55,59,70};
    int len=11,key;
    printf("请输入要查找的元素：");
    scanf("%d",&key);
    if(binSearch(a,11,key)==-1)
        printf("\n 查找失败，%d 不是查找表中的元素\n",key);
    else
        printf("\n 查找成功，%d 是查找表中的元素！\n",key);
}
```

运行上述代码后，从键盘输入待查找元素“21”时，得到如图 5-5 所示的运行结果。

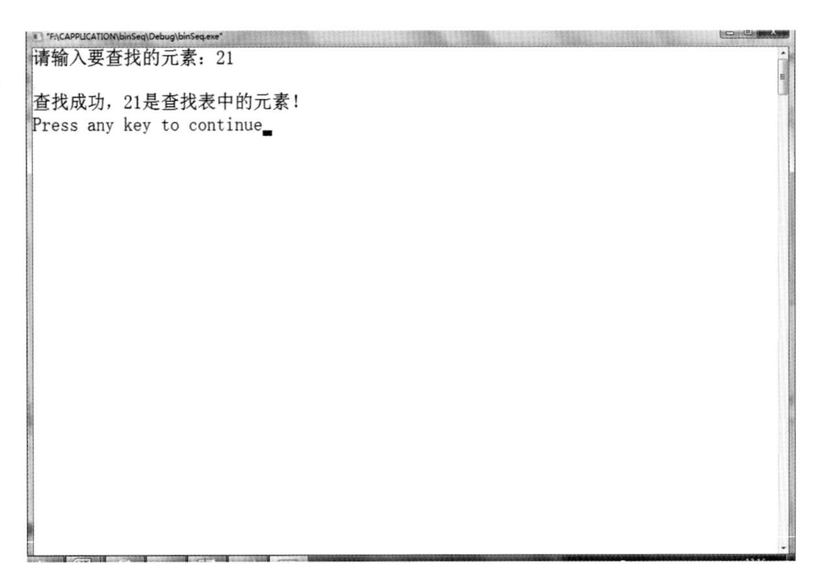

图 5-5　输入“21”时的查找结果

运行上述代码后，从键盘输入待查找元素 68 时，得到如图 5-6 所示的运行结果。

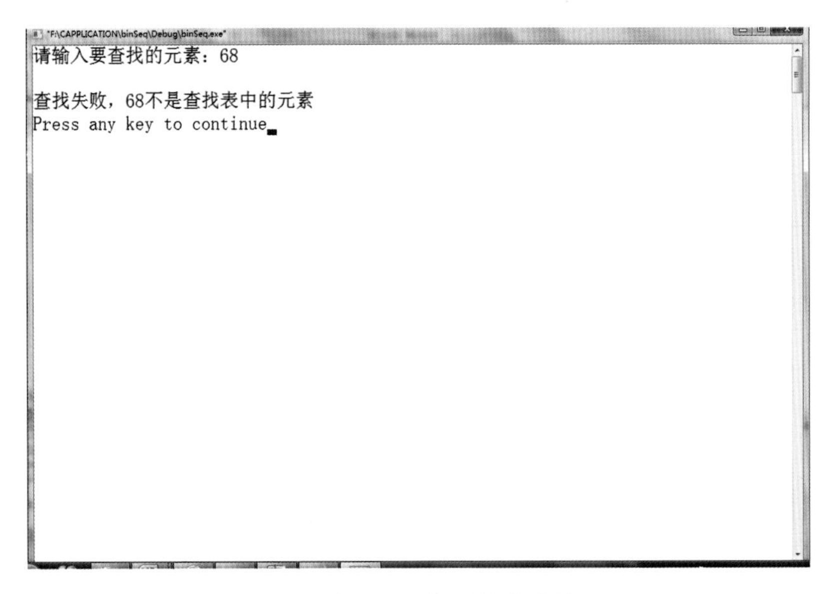

图 5-6　输入“68”时的查找结果

又一年的学院表彰大会即将召开，学院评选出了十名优秀学生。现将这十名学生的信息（学号、姓名、综合素质分）按照学号从小到大的顺序存在一个数组中。试编写一个程序，实现通过输入学号查询该学生是否为优秀学生。

此任务涉及两个关键问题：第一，存放学生信息用什么数据类型；第二，选择哪种查找方法。

因为学生信息包括学号、姓名和综合素质分，这三种信息的数据类型不相同，因此我们可以采用结构体类型来保存学生信息。

通过前面的学习，我们目前掌握的查找方法有顺序查找和二分查找。顺序查找适用于任何场合，不管查找表是顺序存储还是链式存储，也不管查找表中的数据是有序还是无序。当查找表中的元素个数为 n 时，顺序查找在最坏的情况下需要比较的次数为 n 次，因此其查找速度会比较慢。二分查找要求查找表采用顺序存储且查找表中的元素有序。该查找算法的速度比较快，在最坏的情况需要比较的次数为 $\log_2 n$。本任务中这十名学生的信息存放在数组中，且按照学号从小到大的顺序存放，因此，本任务宜采用二分查找法。

通过对任务的分析，可编写出如示例代码 5.5 所示的代码。

【示例代码 5.5】

```
#include <stdio.h>
#include <String.h>
//定义结构体类型，用于存储学生信息
typedef struct STUDENT
{
    int stuId;//学号
    char stuName[20];//姓名
    int mark;//综合素质分
}STU;
//二分查找函数，s为查找表，len为表长，id为查找关键字
```

```
//查找成功返回所在查找表中的下标，查找失败返回-1
int binSearch(STU s[],int len,int id)
{
    int low=0,high=len-1;
    int mid;
    while(low<=high)
    {
        mid=(low+high)/2;
        if(id==s[mid].stuId)
            return mid;//查找成功
        if(id<s[mid].stuId)
            high=mid-1;
        else
            low=mid+1;
    }
    return -1;//查找失败

}
void main()
{
    //数组 s 保存十名获奖学生的信息
    STU s[10]={
    {1001,"Wangxue",90},{1013,"QingShu",92},{1019,"WangHai",89},
    {1021,"Tangtang",91},{1025,"Qianguan",89},{1032,"Zhaochuan",94},
    {1034,"Wangming",92},{1038,"Zhangqiang",91},{1041,"Daifei",85},
    {1052,"Weiwei",95}
    };
    int id,index;
    printf("\n请输入要查找的学生的学号：");
    scanf("%d",&id);
    index=binSearch(s,10,id);
    if(index==-1)
        printf("很遗憾，学号为%d 的学生没有获奖，请继续努力!! \n",id);
    else
        printf("恭喜你获奖，学号为%d 的同学，请继续保持!!\n",id);
}
```

运行上述代码，当输入学号“1013”时，得到如图 5-7 所示的运行结果。

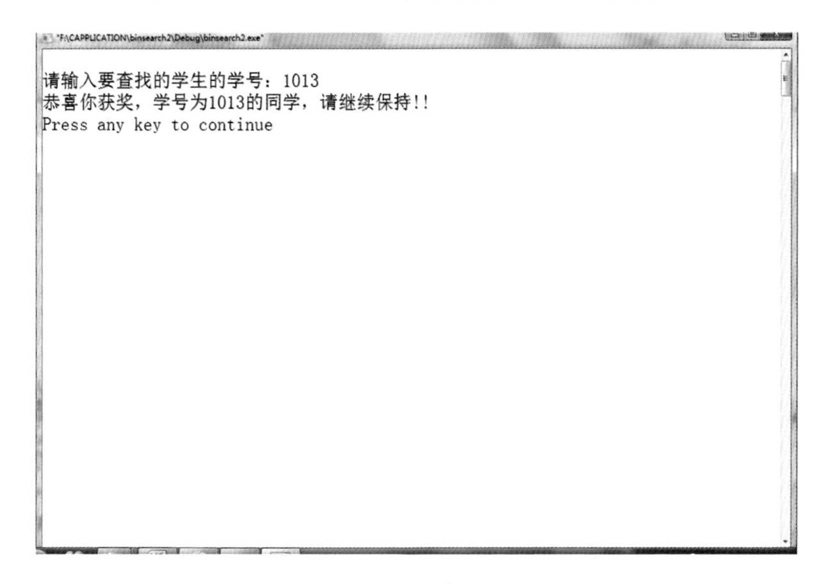

图 5-7　输入“1013”时的查询结果

运行上述代码，当输入学号“1043”时，得到如图 5-9 所示的运行结果。

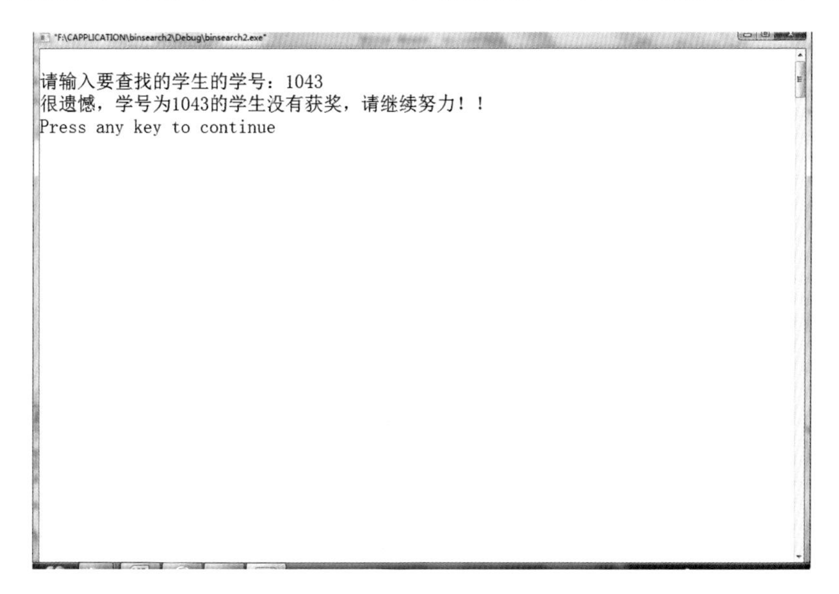

图 5-8　输入“1043”时的运行结果

顺序查找和二分查找各有特点，分别适用于不同的场合，如表 5-1 所示。

表 5-1 顺序查找与二分查找的对比

查找方法	查找约束	最坏情况下的比较次数	适用场合
顺序查找	无约束	n	查找表中元素无序或查找表采用链式存储的情况
二分查找	查找表采用顺序存储且查找表中的元素有序	$\log_2 n$	查找表为数组，表中元素有序

注：n 代表查找表的表长，即查找表中元素的个数。

5.3 冒泡排序

日常生活中，我们经常会用到排序，以此作为我们做选择的参考依据。例如：考生在填报升学志愿时，需要查看高校排行榜；消费者在网上购物时，有时会对所要购买商品的销量、价格等排序；你发现书柜里的图书摆放混乱时，会对图书按照类别等重新整理。这些都是日常生活中用到的排序。为什么要进行排序？其中最主要的原因是便于查找。

在计算机世界里，存储和处理的数据量比较大，为了便于查找也需要对待处理的数据按照从小到大或从大到小的方式进行排序。冒泡排序就是一种常用的排序方法。冒泡排序属于交换排序。交换排序的思想是：对待排序记录的关键字进行两两比较，发现两个记录的次序相反时即进行交换，直到没有反序的记录为止。

冒泡排序的基本思想是：假设需要对 n 个数据按从小到大的方式进行排序，首先比较第 1 个和第 2 个数据，将其中较小的数据放到第 1 个位置，较大的放到第 2 个位置；然后比较第 2 个和第 3 个数据，仍将较大的数据放到后一个位置。依此类推，直到比较第 $n-1$ 和第 n 个数据。这样，就将待排序序列中最大的一个数据放到了第 n 个位置。这个过程称为第 1 趟排序。

接下来对前 $n-1$ 个数据重复这个过程（此时不用考虑第 n 个数据，因为它已经是最大的了），又将次大的数据放到了第 $n-1$ 个位置。通常情况下，第 i 趟冒泡排序是对第 1 个到第 $n-i+1$ 个数据进行操作，选出原序列中第 i 大的数据放到序列的第 $n-i+1$ 个位置。重复这个过程，直到 $i=n-1$ 为止。

现以对线性表（10,6,34,58,2,99,17,28）中的元素按从小到大的方式进行排序为例，说明冒泡排序的具体过程。

（1）比较第 1 个元素和第 2 个元素，10>6，交换两个元素，得到如下结果：

10	6	34	58	2	99	17	28

6	10	34	58	2	99	17	28

（2）比较第 2 个元素和第 3 个元素，10<34，不用交换。

（3）比较第 3 个元素和第 4 个元素，34<58，不用交换。

（4）比较第 4 个元素和第 5 个元素，58>2，交换两个元素，得到如下结果：

6	10	34	2	58	99	17	28

（5）比较第 5 个元素和第 6 个元素，58<99，不用交换。

（6）比较第 6 个元素和第 7 个元素，99>17，交换两个元素，得到如下结果：

6	10	34	2	58	17	99	28

（7）比较第 7 个元素和第 8 个元素，99>17，交换两个元素，得到如下结果：

6	10	34	2	58	17	28	99

至此，第 1 趟排序结束，已经将这 8 个元素中的最大值找出来，放到了最后一个位置。接下来需要对前 7 个元素重复以上步骤，将次大值放到倒数第 2 个位置。依次类推，当第 7 趟排序完成后，所有元素就已从小到大顺序排列了。

编程实现对线性表（10,34,5,68,17,33,90,52,68,26）中的元素按从大到小的方式排序。

根据冒泡排序思想，有 N 个元素时，最多要进行 $N-1$ 趟排序：第 1 趟排序需要对元素进行两两比较的次数为 $N-1$ 次；第 2 趟排序需要对元素进行两两比较的次数为 $N-2$ 次；……；第 N-1 趟排序需要对元素进行两两比较的次数为 1 次。

采用冒泡排序，需要用到双重循环：外层循环用于控制排序的趟数，所以外层循环变量设置为 i，初值赋为 1，终值为 $N-1$，步长为 1；内层循环用于控制每趟排序中两两比较的次数，且因为每趟比较都是从第一个元素开始，所以将内层循环变量设置为 j，初值赋为 0（第 1 个元素的下标），终值为 N-1-i，步长值为 1。

从大到小排序时，如果前一个元素小于后一个元素就交换。由此可得，程序的流程图如图 5-9 所示。

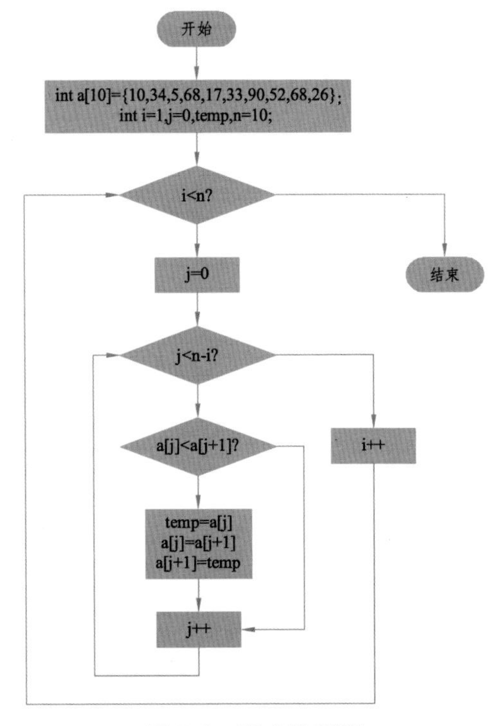

图 5-9　程序流程图

根据图 5-9 所示的程序执行流程，可编写出如示例代码 5.6 所示的代码。

【示例代码 5.6】

```
#include <stdio.h>
//用冒泡排序实现对数组 a 中的元素从大到小排序
void bubbleSort(int a[],int n)
{
    int i,j,temp;
    //外层循环控制排序趟数
    for(i=1;i<n;i++)
    {
        //内层循环控制每一趟排序
        for(j=0;j<n-i;j++)
        {
            //若前一个元素小于后一个元素就交换
            if(a[j]<a[j+1])
            {
                temp=a[j];
                a[j]=a[j+1];
                a[j+1]=temp;
            }
        }
    }
}
//输出数组 a 中的元素
void output(int a[],int n)
{
    int i;
    for(i=0;i<n;i++)
        printf("%d\t",a[i]);
    printf("\n");
```

```
}
void main()
{
    int a[10]={10,34,5,68,17,33,90,52,68,26};
    printf("\n原线性表中的元素: \n");
    output(a,10);
    bubbleSort(a,10);
    printf("\n排序后的元素: \n");
    output(a,10);
}
```

运行上述代码后，得到如图 5-10 所示的运行结果。

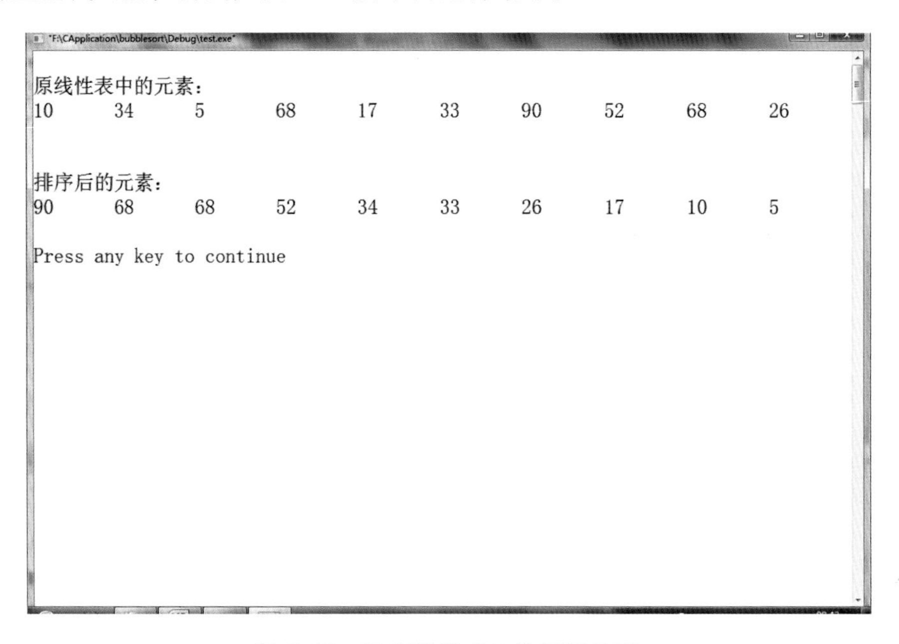

图 5-10　示例代码 5.6 的运行结果

通过对这部分内容的学习和实践，请填写表 5-2，对自己的知识理解、学习和技能掌握情况做出评价（在相应的单元格内画“√”）。

表 5-2　自我评价

序号	学习目标	达到	基本达到	没有达到
1	能用顺序查找法编写程序解决实际问题			
2	能用二分查找法编写程序解决实际问题			
3	能用冒泡排序法编写程序解决实际问题			

一、程序填空题

已知函数 fun 的功能是查找参数 x 是否存在于数组 s 中，如果存在，返回 x 在数组 s 中的下标，如果 x 不存在，返回-1。请补充缺失的代码。

```
int   fun( int s[], int x)
{
    int i;
    for(i=0;i<N;i++)
   {
       if(x==___________)
            return i;
    }
    return  _________;
}
```

二、程序改错题

1. 函数 fun 的功能是：用冒泡排序法对 6 个字符串按由小到大的顺序进行排序。下列代码中有错误，请找出并改正。

```
fun ( char *pstr[6])
{    int   i, j ;
     char *p ;
     for (i = 0 ; i < 5 ; i++ ) {
/*************found**************/
        for (j = i + 1, j < 6, j++)
```

```
        {
          if(strcmp(*(pstr + i), *(pstr + j)) > 0)
          {
              p = *(pstr + i) ;
/*************found*************/
              *(pstr + i) = pstr + j ;
              *(pstr + j) = p ;
          }
        }
      }
}
```

2. 由 N 个有序整数组成的序列已存放在一维数组中。函数 fun 的功能是：利用二分查找算法查找整数 m 在数组中的位置，若找到，返回其下标值，反之，返回-1。下列代码有错，请找出并改正。

```
/***********found***********/
void fun(int  a[], int  m )
{  int  low=0,high=N-1,mid;
   while(low<=high)
   {  mid=(low+high)/2;
      if(m<a[mid])
         high=mid-1;
    /***********found***********/
      else if(m > a[mid])
         low=mid+1;
      else  return(mid);
   }
   return(-1);
}
```

3. 函数fun的功能是：判断字符ch是否与str所指字符串中的某个字符相同，若相同，则什么也不做，若不同，则将其插在字符串的最后。下列代码有错，请找出并改正。

```
/********found********/
void fun(char  str, char  ch)
{
    while (*str && *str!=ch)
        str++;
    /********found********/
    if (*str == ch)
    {
        str[0] = ch;
        /********found********/
        str[1] = '0';
    }
}
```

三、编程题

1. 编程实现：从键盘输入一个字符串，只保留字符串中的大写字母，删除其他字符，结果仍保存在原字符串中。

2. 编程实现：删去一维数组中所有重复的数，使之只保留一个。数组中的数已按由小到大的顺序排列。函数返回值为数组中剩余数据的个数。

例如：一维数组中的数据是（2 2 2 3 4 4 5 6 6 6 6 7 7 8 9 9 10 10 10），删除后，数组中的内容应该是（2 3 4 5 6 7 8 9 10）。

3. 编程实现：计算s所指字符串中所含有的't'字符的数目，并输出结果。

4. 编程实现：从键盘输入10个学生的成绩并存入数组中，要求用冒泡排序法实现从高到低的存放，并按从低到高的顺序输出。

学习任务6 方法

在编程语言中，方法也被称为函数，是用于实现某个功能或者完成某种操作的多条语句的集合。对方法的调用可以通过方法名实现。本学习任务将从现实生活着手，逐步让学习者明白方法的定义、作用和运用。

学习目标

- 能描述方法的作用；
- 能描述方法的构成；
- 能根据编程的需要完成方法的定义；
- 能根据编程的需要调用自定义的方法。

6.1 什么是方法（函数）？

现实生活中，人们可以通过按下电视遥控器的不同按钮（见图 6-1）完成开机、关机、调节音量和换台等操作。由于电视遥控器的设计者已经把每个按键要实现的操作设计好了，因此用户只需要按下不同的按钮，就能完成相应的操作。这种按下按键的操作就可以理解为调用相应的方法，而且这种调用方式是可以重复出现的。

图 6-1 电视遥控器

在各种编程语言中，方法（函数）就是多条语句的集合。赋予这个语句集合一个名称后，通过调用这个名称，就能按照该方法中的语句完成相应的操作，实现不同的功能。

对比示例代码 6.1 和示例代码 6.2 有助于理解方法的调用。代码 6.1 中，在 main()方法的 for 循环体中，按顺序依次执行语句①→②→③→④→⑤，在编号为⑤的语句中，根据 if 语句的判断，确定输出的值是 a

还是 b。代码 6.2 中，单独声明了一个能获取两数中较大数的方法 getMax()。在 main()方法的 for 循环体中，语句的执行顺序为②→③→④→⑤→⑥，在执行到编号为⑥的语句时，会跳转到编号为①处去执行 getMax()方法，根据 if 语句的判断，确定输出的值是 a 还是 b。两段代码的作用是一致的，所不同的是代码 6.2 中体现了方法的定义与调用。两段代码的执行流程如图 6-2 所示。

【示例代码 6.1】

```
package zhuanzhu;
/**
 * filename:MethodA.java
 * @author sally
 */
import java.util.*;
public class MethodA {
//程序入口
public static void main(String[] args) {
        final int COUNT = 3;//循环次数控制常量
        int a,b = 0;//拟进行大小比较的变量
        Scanner scan = new Scanner(System.in);//扫描对象
        for(int i = 0;i<COUNT;i++){
             ① System.out.println("请输入第一个数：");
             ② a = scan.nextInt();//接收第一个数
             ③ System.out.println("请输入第二个数：");
             ④ b = scan.nextInt();//接收第一个数
             ⑤ if(a>b){
                  System.out.println("两数中较大的一个数是"+a);
             }else{
                  System.out.println("两数中较大的一个数是"+b);
             }
        }
    }
}
```

【示例代码 6.2】

```
package zhuanzhu;
/**
 * filename:MethodA.java
 * @author sally
 */
import java.util.*;
public class MethodB {
    //==========getMax()方法==========//
    //     返回两数中较大的一个数                    //
    //==============================//
    ①  public static int getMax(int a,int b ){
if(a>b){
            return a;
        }
        else{
            return b;
        }
    }
    //==========main()方法==========//
    //          程序入口                        //
    //=============================//
    public static void main(String[] args) {
        final int COUNT = 3;//循环次数控制常量
        int a,b = 0;//拟进行大小比较的变量
        Scanner scan = new Scanner(System.in);//扫描对象
        for(int i = 0;i<COUNT;i++){
    ②  System.out.println("请输入第一个数: ");
    ③  a = scan.nextInt();//接收第一个数
    ④  System.out.println("请输入第二个数: ");
    ⑤  b = scan.nextInt();//接收第二个数
    ⑥  System.out.println("两数中较大的一个数是: "+getMax(a,b));
                        //调用 getMax()方法
        }
    }
}
```

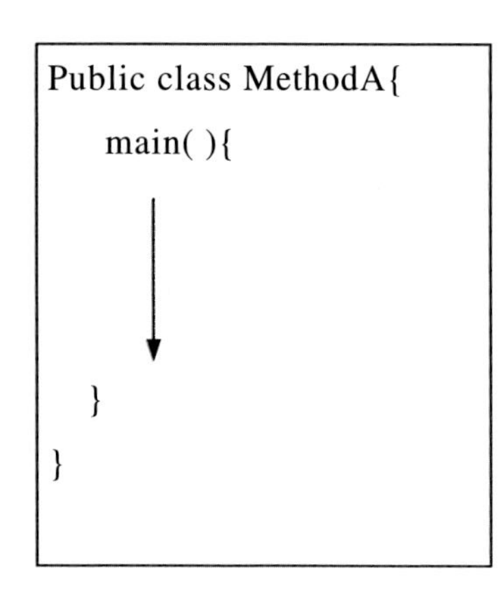

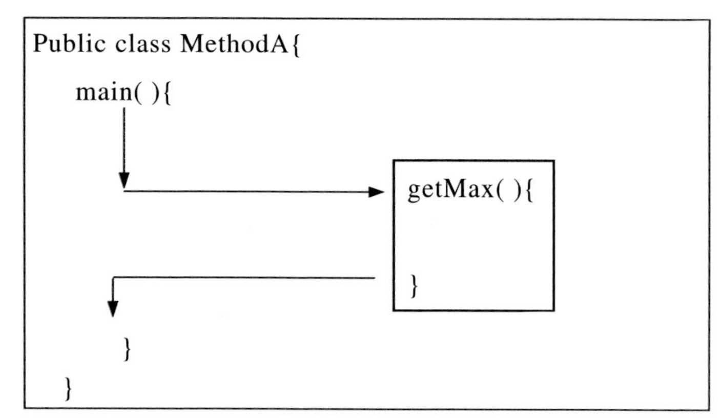

图 6-2 示例代码 6.1 和 6.2 的执行流程

可以把方法看作一个黑盒子，盒子的功能就是按要求完成一系列的操作，其工作原理如图 6-3 所示。盒子的数据输入和数据输出，有以下四种可能性：

（1）盒子不接收数据，也不送出数据，只做简单的处理操作，以实现某个特定的功能。

（2）盒子接收传入的数据，进行加工处理和操作，完成某个功能，但不产生数据输出。

（3）盒子不接收数据，但在进行加工处理和操作后，有数据输出。

（4）盒子可以接收来自外部的数据，并在加工处理之后将数据送出。

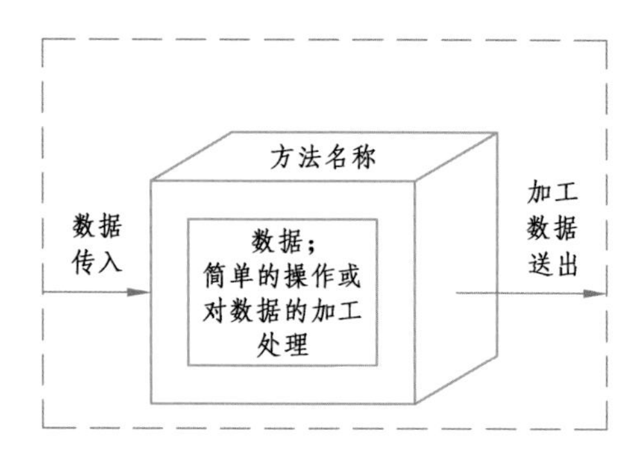

图 6-3 方法的工作原理示意图

6.2　方法的结构和定义

以正弦函数 $y=\sin x$ 为例，可以知道该函数由以下几部分组成：

（1）sin —— 函数名，表示该函数是正弦函数；

（2）变量 —— x，表示该函数的功能是对 x 求正弦值；

（3）正弦函数解析式 —— $y=\sin x$。

在编程语言中，方法一般由方法名、参数列表、返回值、访问等级、方法体几部分组成。并不是所有的方法都需要参数列表，也不是所有的方法都有返回值。当一个自定义方法没有明确的返回值时，用 void 关键字来表示。以示例代码 6.2 中的 getMax()方法为例，方法的结构如图 6-4 所示。

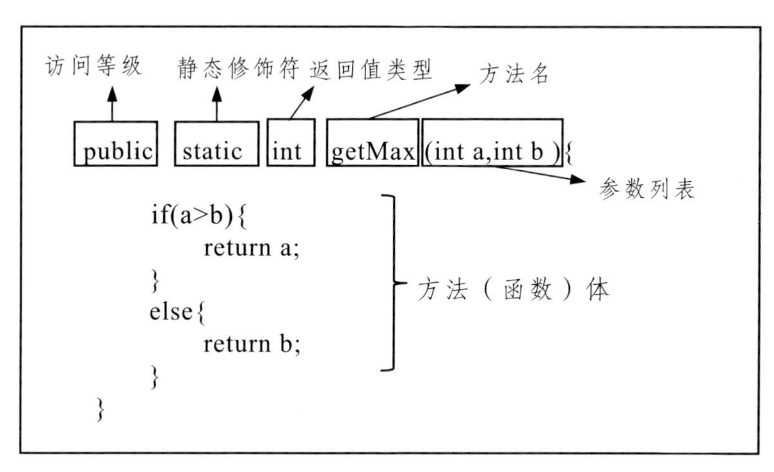

图 6-4　方法的结构

在类 MethodDemo 中完成方法 sayHello()的定义。该方法不接收参数、不返回数据，其作用是在屏幕上输出一句“Hello EveryOne！”。

该方法的名称为“SayHello”，没有数据输入，也没有数据输出。该方法的作用就是完成某条信息的输出。可以用输出语句 System.*out*.

println()来实现。图 6-5 展示了方法 sayHello()的结构和原理。

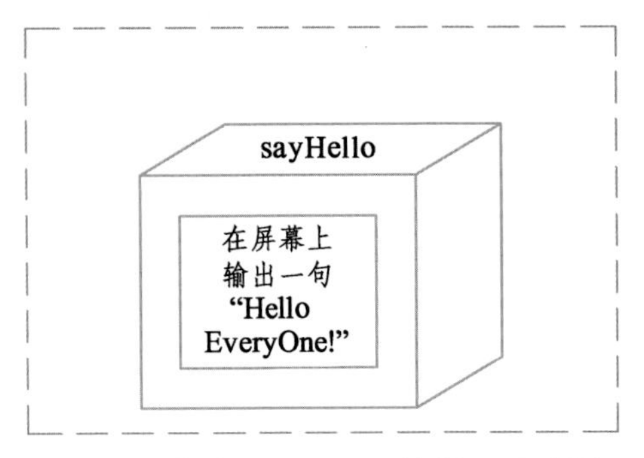

图 6-5 方法 sayHello()的原理示意图

按照上述分析，可写出如示例代码 6.3 所示的代码。

【示例代码 6.3】

```
public class MethodDemo{
  public void sayHello(){
    System.out.println("Hello EveryOne!");
  }
}
```

对该方法的进一步分析如下：

（1）方法名 ——sayHello；

（2）方法访问等级 ——public，公有的；

（3）方法返回值 ——void，无返回值；

（4）方法参数 ——无参数；

（5）方法体 ——{System.*out*.println("Hello EveryOne!");}。

在类 MethodDemo 中完成方法 printInfo()的定义。该方法接收一个整型参数，其作用是计算传入的这个整型参数的 2 倍值，并将计算的结果返回。

图 6-6 展示了方法 printInfo()的结构和原理。

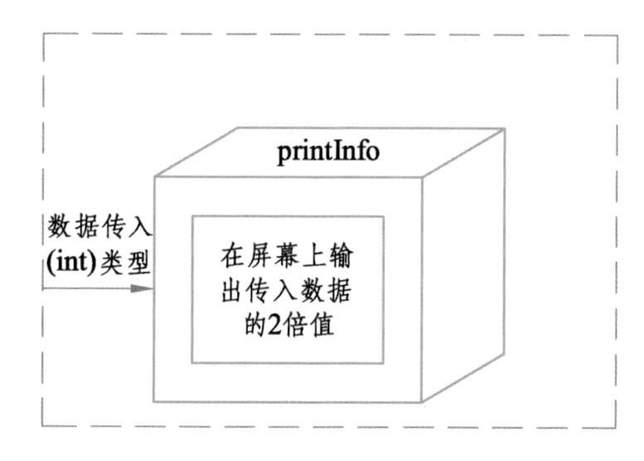

图 6-6　方法 printInfo()的原理示意图

按照上述分析，可写出如示例代码 6.4 所示的代码。

【示例代码 6.4】

```
public class MethodDemo{
  public int printInfo( int num){
    return num*2;
  }
}
```

对该方法的进一步分析如下：

（1）方法名 ——printInfo；

（2）方法访问等级 ——public，公有的；

（3）方法返回值类型 ——int，返回类型为整型数据；

（4）方法参数 ——(int num)，方法的参数为 1 个整型类型的数据；

（5）方法体 ——{return num*2;}。

在类 MethodDemo 中完成方法 getAge()的定义，该方法不接收参数，其作用就是返回类 MethodDemo 中变量 age 的值。

图 6-7 展示了方法 getAge()的结构和原理。

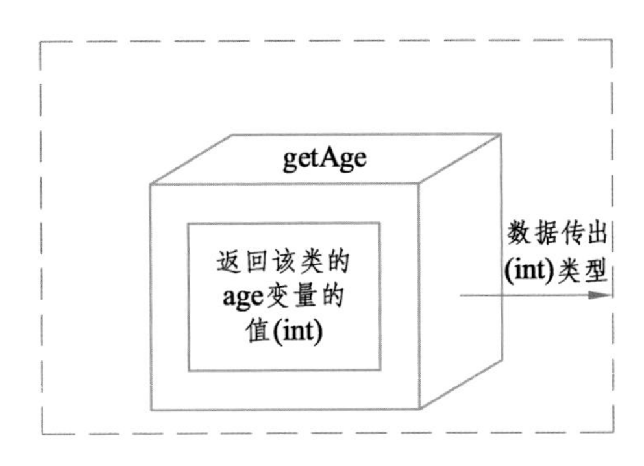

图 6-7 方法 getAge()的原理示意图

按照上述分析，可写出如示例代码 6.5 所示的代码。

【示例代码 6.5】

```
public class MethodDemo{
 int age = 10;//声明变量 age 并赋值为 10
 public int getAge()
  {
    return age;
  }
}
```

对该方法的进一步分析如下：

（1）方法名 ——getAge；

（2）方法访问等级 ——public，公有的；

（3）方法返回值类型 ——int，返回类型为整型数据；

（4）方法参数 —— 无参数；

（5）方法体 ——{return age;}。

在类 MethodDemo 中完成方法 getMax()的定义，该方法接收两个整型类型的参数，其作用是返回这两个数中较大的一个数的值。

图 6-8 展示了方法 getMax()的结构和原理。

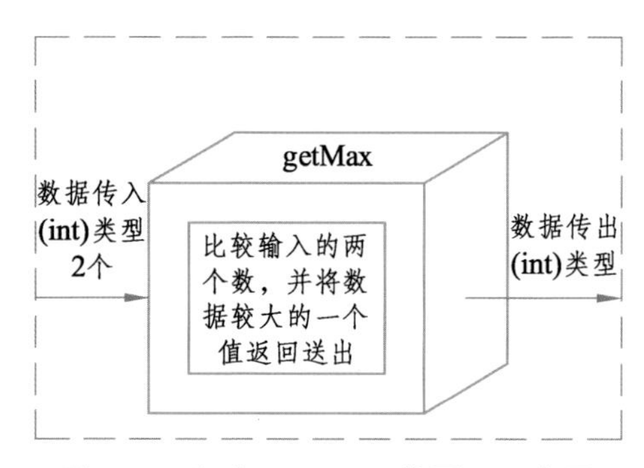

图 6-8　方法 getMax()的原理示意图

按照上述分析，可写出如示例代码 6.6 所示的代码。

【示例代码 6.6】

```
public class MethodDemo{
public int getMax( int a,int b){
 if(a>b)
   return a;
 else
   return b;
   }
}
```

对该方法的进一步分析如下：

（1）方法名 ——getMax；

（2）方法访问等级 ——public，公有的；

（3）方法返回值类型 ——int，返回类型为整型数据；

（4）方法参数 ——(int a,int b)，两个整型类型的参数 a,b；

（5）方法体 ——{

```
if(a>b)
    return a;
else
    return b;
}
```

方法，在某些编程语言中也被称为函数，是一系列可实现某种特定功能的代码的集合，这部分代码集合可以通过方法（函数）名实现重复的调用和执行。在程序设计中应用方法（函数）将有助于减少代码的重复，增强代码的可维护性。

关键概念

方法（函数）一般由方法名、方法访问等级、参数列表、返回值和方法体组成。方法体的代码功能确定了该方法能实现的功能。方法的访问等级有 public、缺省的、protected 和 private 四种。四种访问等级的访问权限将在学习任务 7 中做详细介绍。

6.3 方法的调用

在现实生活中，当按下电视遥控器上的音量增加按钮时，就触发了音量调节功能，每按一次，音量就增加一格。在 Excel 中，当用函数

“=sum(E2:E72)”进行计算时，就实现了对 E2 单元格到 E72 单元格的求和操作。这些都是方法的调用的例子。

在某个方法被定义之后，可以在代码执行到某个阶段时发出该方法的调用命令。如示例代码 6.2 所示，在 main()方法中发出了已定义方法 getMax()方法的调用。调用某个方法时，会转到该方法所在之处，依次执行方法体里的语句，执行完后又回到调用方法的下一条语句，继续执行代码。

6.3.1　在同一个类中调用方法

假设在 MethodCall 类中有两个方法，一个是 display()，一个是 input()，在 display()方法中发出了对 input()方法的调用。其方法调用的执行流程如图 6-9 所示。

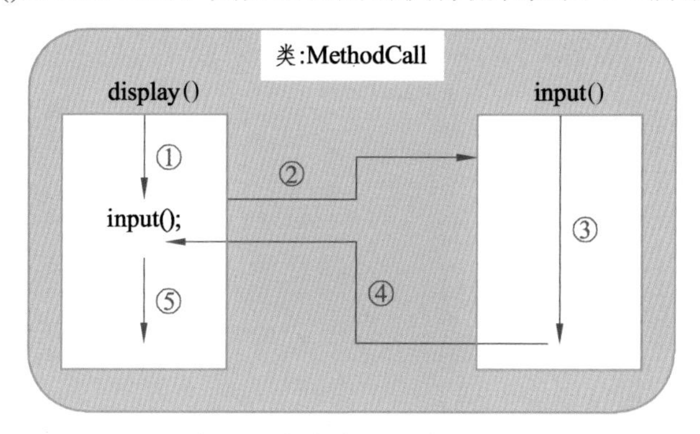

图 6-9　在同一个类中调用方法的执行流程

如图 6-9 所示，代码执行到调用 input()方法的语句时，会转到 input()方法处，执行 input()方法中的代码，执行完后，会返回到 display()方法中调用 input()方法的语句之后，继续执行后续的代码。

在 MethodCall 类中有两个方法：一个是 input()，主要用于从键盘输入一个整型的数据，并将该数据返回，即送出；另一个是 display()，主要作用是调用 input()方法并在屏幕上显示调用 input()方法后输入的数

值。请编程实现 MethodCall 类和其中的 display()、input()方法。

对两个方法的分析如表 6-1 所示。

表 6-1 MethodCall 类中的两个方法

方法名	input	display
方法访问等级	public	public
方法返回值	int	void
方法参数	无	无
方法体功能	能完成从键盘输入一个整型数据	显示调用 input()方法后输入的数值

按照表 6-1 中的分析，可写出如示例代码 6.7 所示的代码。

【示例代码 6.7】

```
/**
 * filename:MethodCall.java
 * 功能：同一个类中的方法调用
 * @author sally
 */
import java.util.*;
public class MethodCall {
        int a=0;//整型变量
        Scanner scan = new Scanner(System.in);//扫描对象
        //==========input()方法=========//
        //实现从键盘的整型数据输入和返回 //
        //=============================//
        public int input(){
            int num = 0;
```

```
        System.out.println("请输入一个数");
        num = scan.nextInt();//实现从键盘输入一个整数
        return num;//返回num变量
    }
    //==========display()方法=======//
    // 显示调用 input 方法后输入的数值 //
    //============================//
    public void display(){
        a = input();
        System.out.println("您输入的数是: "+a);
    }
}
```

6.3.2 在不同类中调用方法

假设主类 MethodMain 中有 main()方法，在该方法中要调用一个 MethodCall 类的 display()方法，在 display()方法中还要调用与 display()方法属于同一个类的 input()方法。其方法调用的执行流程如图 6-10 所示。

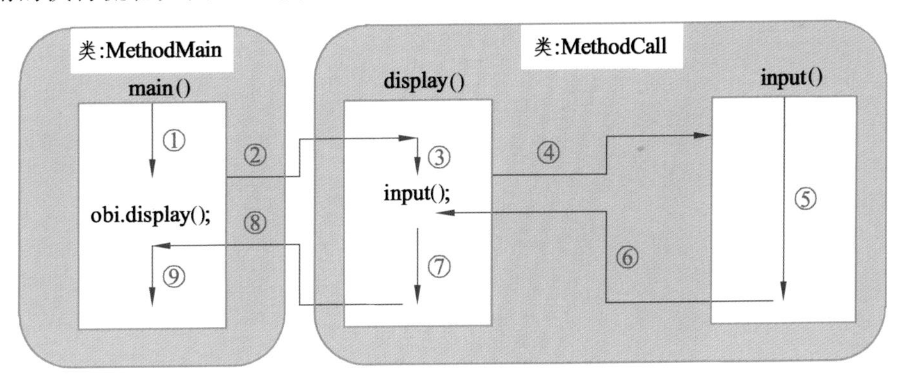

图 6-10 在不同类中调用方法的执行流程

如图 6-10 所示，main()方法为主类 MethodMain 中的程序入口方法，在该方法中调用了 MethodCall 类中的 display()方法。因为 display()方法是 MethodCall 类的成员方法，所以在此处只能通过 MethodCall 类的对象 obj 发出对 display()方法的调用（成员方法声明与调用详见学习任务 7）。display()和 input()同为 MethodCall 类中的两个不同方法，在 display()方法中发出了对 input()方法的调用。代码执行到调用 input()方法的语句时，会转到 input()方法处，执行 input()方法中的代码，执行完后，会返回到 display()方法中调用 input()方法的语句之后，继续执行后续的代码，执行完后再返回到 MethodMain 类的 main()方法中的“obj.display();”语句之后，继续执行后续的代码。

在 MethodMain 类中有程序入口 main()方法，在其中会调用 MethodCall 类中的 display()方法。MethodCall 类如任务 6.5 所述。请编程实现 Method Main 类。

MethodMain 类的代码如下：

【示例代码 6.8】

```
/**
 * filename:MethodMain.java
 * 功能：主类，调用 MethodCall 类中的 display 方法
 *  @author sally
 */
import java.util.*;
public class MethodMain {
    public static void main(String[] args) {
        MethodCall obj = new MethodCall();//创建 MethodCalll 类的对象
        obj.display();//调用 display 方法
    }
}
```

通过对这部分内容的学习和实践，请填写表 6-2，对自己的知识理解、学习和技能掌握情况做出评价（在相应的单元格内画“√”）。

表 6-2　自我评价

序号	学习目标	达到	基本达到	没有达到
1	能描述方法（函数）的作用和目的			
2	能说出方法（函数）的构成			
3	能根据编程要求完成方法的声明和定义			
4	能实现同一个类中不同方法的调用			
5	能实现不同类中方法之间的调用			

一、选择题

1. 以下对方法 fun()的定义中正确的是（　　）。

A. public void fun(){int a =10;return a ;}

B. public String fun(String str){return str;}

C. public void fun{System.*out*.println(“call method!”);}

D. public int fun(){int a = 10;}

2. 在调用方法时，（　　）。

A. 实参的顺序、个数必须与形参一致

B. 实参的顺序、类型、个数必须与形参一致

C. 实参的类型、个数必须与形参一致

D. 实参的顺序、类型必须与形参一致

二、实践操作题

1. 编写一个名为 cube 的方法，该方法接收一个整型的参数，并返回该参数的 5 次幂。

2. 编写一个名为 getMaxValue 的方法，该方法接收两个整型的参数，并返回两数中值较大的那个数。

3. 编写一个名为 random50 的方法，该方法返回一个 1～50 的随机整数。

4. 编写一个名为 multiConcat 的方法，该方法以一个字符串和一个整数为参数，返回一个由原字符串重复出现组成的新字符串，重复次数由整数参数决定。例如，假设两个参

数为“hi”和 4，那么返回值为“hihihihi”。如果整数参数小于 2，则返回原始字符串。

5. 编写一个名为 Color_Random 的方法，返回一个随机颜色的 Color 对象。（提示：用 r，g，b 三个变量分别代表红、绿、蓝三原色，取值为 0～255。利用这三个数的随机值，实现一个随机的 Color 对象。创建一个 Color 对象的语句为“Color c = new Color(r,g,b)”。）

学习任务 7　类和对象

在编程语言中，有以 C 为代表的面向过程的编程语言，也有以 Java 为代表的面向对象的编程语言。那么，什么是面向对象的编程语言？它有哪些特点？类和对象之间有什么关系？通过本任务的学习，这些疑问将逐一得到解答。

学习目标

- 能描述面向对象的编程语言的定义及其特点；
- 能定义类并对其属性和方法进行封装；
- 能用 static 关键字声明变量和方法；
- 能定义构造方法，并描述其作用；
- 能创建和使用对象；
- 能区分并实现方法重载、方法覆盖；
- 能区分类和对象；
- 能描述面向对象编程中继承的作用；
- 能按要求编写子类继承已有的父类；
- 能用方法覆盖和方法重载实现多态。

7.1 面向对象与面向过程

现实世界中

下面通过修泥土房与修砖混房的对比，阐述面向对象编程与面向过程编程的差异。

图 7-1 所示的泥土房是用泥土一点一点堆砌起来的，其修筑过程就是从一点点的泥土到一座房子的过程。修建图 7-2 所示的砖混房，则是事先用泥烧好砖，再用一块块的砖加上钢筋、混凝土修成房屋。砖、水泥、钢筋、混凝土等就是构成房屋的不同“对象”。修建两种房屋的差别就是“面向过程”与“面向对象”的差别。

图 7-1 泥土房屋

图 7-2 砖混房屋

下面再以上班族起床上班为例进行说明。

如图 7-3 所示，起床上班这件事可以分解为四个步骤，即起床→穿衣→刷牙→上班。这几个步骤的顺序比较重要，需要按步骤一个个实现。这就是“面向过程”的思想。

图 7-3 上班族从起床到上班的简单步骤

如果用面向对象的思想来理解上班族上班的过程，需要先抽象出“上班族”这个类，在该类中有起床、穿衣、刷牙、上班四种操作，且并不特别强调顺序的问题，如图 7-4 所示。在应用时，将“上班族”类实例化为一个个具体的对象，再根据实际需要调用起床、穿衣、刷牙、上班四个操作中的某个操作。

简而言之，面向过程的思想强调的是顺序的问题，而面向对象的思想强调的是抽象和实例化的问题。

图 7-4 “上班族”类及其操作

7.1.1 面向过程编程思想

以 C 语言为代表的编程语言是典型的面向过程的程序设计语言。面向过程的编程体现了以事件为中心的编程思想，先将需要解决的问题分解为一个一个的步骤，再通过函数把这些步骤一步一步地实现，实现的过程就是调用函数的过程。面向过程是一种最基础的思考方式和编程方法，体现了模块化的编程思想，比较强调从上往下的，逐步实现的过程，如图 7-5 所示。

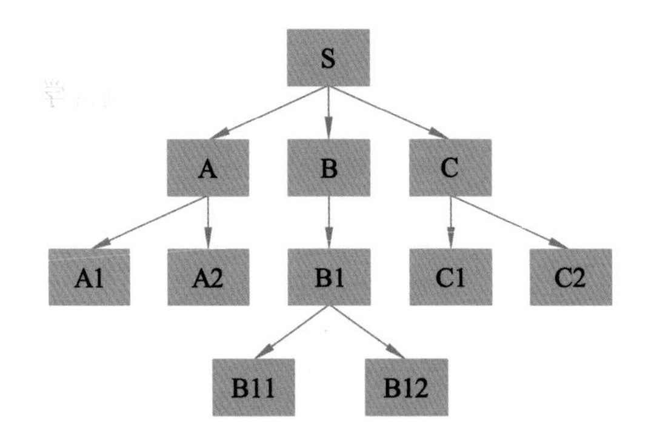

图 7-5　面向过程的程序设计思想

7.1.2 面向对象编程思想

以 Java 和 C++、C#为代表的面向对象的编程语言强调系统中的一切事物皆为对象，把同一类对象所具有的共同属性和对这些属性的操作抽象起来构成一个封装体，这个封装体就是“类”。类是抽象的，而对象是具体的，是看得见、摸得着的实体，是类的某个具体的实例。对象和对象之间的消息传递是二者之间动态联系的方式，通过方法调用及参数传递实现。在面向对象程序设计中，类是描述对象的“基本原型”，是程序的基本单元。属性在类中称为变量，方法在类中是对变量进行的特定操作。可以通过图 7-6 来理解变量、方法和类的关系。

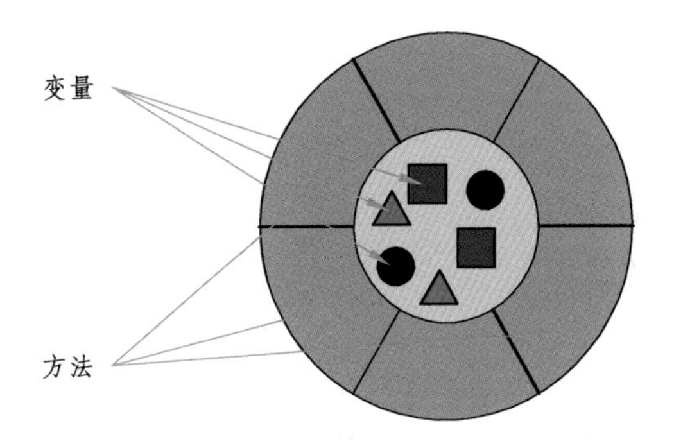

图 7-6　类的逻辑结构

编写并实现一个学生类（Student），包含学生姓名（stuName）、学号（stuId）、年龄（stuAge）、班级（stuClass）、联系电话（stuPhone）等信息，能实现学生信息的输入和输出操作。

对于初学者来说，一般需要根据任务描述将类图绘制出来，再进行类的代码编写和实现。按照任务的要求，绘制出如图 7-7 所示的 Student 类的类图。

Student
-stuName:String -stuAge:int -stuClass:String -stuPhone:String
+inputInfo():void +printInfo():void

图 7-7　Student 类图

【示例代码 7.1】

```
/**
 * filename:Student.java
 * function:Student 类
```

```
 * @author sally
 */
import java.util.Scanner;
public class Student {
    //==成员变量==//
    private String stuName;
    private int stuAge;
    private String stuClass;
    private String stuPhone;
    Scanner scan = new Scanner(System.in);//Scanner扫描对象
    //==成员方法==//
    //==inputInfo==//
    //  输入信息  //
    //==========//
    public void inputInfo(){
        //==该方法中完成学生基本信息的输入操作
        System.out.println("请输入学生姓名：");
        stuName = scan.next();
        System.out.println("请输入学生年龄");
        stuAge = scan.nextInt();
        System.out.println("请输入学生所在班级");
        stuClass = scan.next();
        System.out.println("请输入学生联系电话");
        stuPhone = scan.next();
    }

    //==printInfo==//
    //  输出信息 //
    //==========//
    public void printInfo(){
        //==该方法中完成学生基本信息的输出
        System.out.println("学生的基本信息是");
        System.out.println("姓名\t年龄\t班级\t联系电话");
        System.out.println(stuName+"\t"+stuAge+"\t"+stuClass+"\
t"+stuPhone);
    }
}
```

因为示例代码 7.1 仅仅是对类 Student 进行定义的代码，没有包含 main()方法，所以无法看到程序的运行结果。保存以上代码后，会生成相应的字节码文件。

所有 Java 程序都是由一个或者多个类组成的。如示例代码 7.1 所示，用关键字 class 实现对类的定义。若一个 Java 程序中有一个类是 public 类（共有类），则这个类的类名必须和该 Java 程序的文件名一致。定义类的语法结构如下：

```
public class 类名{
    //定义属性部分（也称为定义成员变量部分）
    成员变量 1 的类型 成员变量 1;
    成员变量 2 的类型 成员变量 2;
    ……
    成员变量 n 的类型 成员变量 n;
    //定义方法部分
    方法 1(){
      ……
    }
    ……
    方法 n(){
    ……
    }
}
```

语法结构解读

定义类的步骤如下：

（1）定义类名。若该类为 public 类（共有类），则需声明为和 Java 程序文件名一致的类名。

（2）声明类的属性值，即声明类的成员变量，确定各个不同属性的类型及其名称。
（3）声明并定义类的方法，即定义成员方法。对类的属性的操作一般放在类的成员方法中进行。

7.1.3 对象的创建

面向对象的程序设计中，定义好类以后，通常需要将类实例化，通过对象的形式实现方法的访问操作。

对示例代码 7.1 进行修改，在类 Student 中加入 main()方法，使该程序能够运行，并且通过实例化 Student 类得到的对象完成输入数据和输出信息两个方法的调用。

由于实现信息输入的 inputInfo()方法和实现信息输出的 printInfo()方法是 Student 类的成员方法，必须通过实例化 Student 类得到的对象实现调用操作。

【示例代码 7.2】

```
/**
 * filename:Student.java
 * function:Student 类
 * @author sally
 */
import java.util.Scanner;
public class Student {
  //==成员变量==//
  private String stuName;
  private int stuAge;
```

```
  private String stuClass;
  private String stuPhone;
  Scanner scan = new Scanner(System.in);//Scanner扫描对象
  //==成员方法==//
  //==inputInfo==//
  //  输入信息  //
  //==========//
  public void inputInfo(){
    //==该方法中完成学生基本信息的输入操作
    System.out.println("请输入学生姓名：");
    stuName = scan.next();
    System.out.println("请输入学生年龄");
    stuAge = scan.nextInt();
    System.out.println("请输入学生所在班级");
    stuClass = scan.next();
    System.out.println("请输入学生联系电话");
    stuPhone = scan.next();
  }

  //==printInfo==//
  //  输出信息 //
  //==========//
  public void printInfo(){
    //==该方法中完成学生基本信息的输出
    System.out.println("学生的基本信息是");
    System.out.println("姓名\t年龄\t班级\t联系电话");
    System.out.println(stuName+"\t"+stuAge+"\t"+stuClass+"\
t"+stuPhone);
  }
  public static void main(String[] arg){
    Student sally = new Student();//创建Student类的对象
    sally.inputInfo();// 调用inputInfo()方法
    sally.printInfo();//调用printInfo()方法
  }
}
```

运行代码 7.2 后，根据屏幕提示依次输入某个同学的姓名、年龄、所在班级、联系电话等信息，会得到如图 7-8 所示的结果。

```
Problems  @ Javadoc  Declaration  Console ☒
<terminated> Code7_2 [Java Application] C:\Program Files\Java\jre6\bin\javaw.exe
请输入学生姓名：
Sally
请输入学生年龄：
21
请输入学生所在班级：
JAVA14
请输入学生联系电话：
1398731XXXX
学生的基本信息是
姓名      年龄      班级      联系电话
Sally    21       JAVA14   1398731XXXX
```

图 7-8　代码 7.2 的运行结果

在 Java 语言中，实例化操作，即创建对象的操作，可以用以下语句实现：

```
类名 对象名 = new 类名();
```

在示例代码 7.2 中，要创建 Student 类的对象，其语句如下：

```
Student  sally = new  Student();
```

sally 为某个对象的名字。一个类可以创建多个对象。对象被创建后，可以用“.”发出对类中成员变量或者成员方法的引用操作。例如：“sally.inputInfo ();”语句表示通过对象 sally 调用 inputInfo()方法，实现信息的输入操作；“sally.printInfo();”语句表示调用 printInfo()方法，实现信息的输出显示操作。

7.1.4　构造方法

构造方法是一种特殊的方法，它的方法名与类名一致，主要用来实现对象的初始化操作。编码者没有显式声明构造方法时，该类中存在一个无参数、无方法体语句的构造方法。当显式声明构造方法时，编码者需要根据实际开发需要设置一个或多个构造方法。

对示例代码 7.2 进行修改，在类 Student 中增加一个无参构造方法，实现对成员变量值的初始化操作，初始化对象的姓名、年龄、班级、联系电话分别为“张林”、“20”、“BCIT14-1”、“1390908××××”；同时再增加一个带参数的构造方法，分别接收姓名、年龄、班级三个参数，通过接收的参数初始化对象的基本信息。实例化多个该类的对象，分别调用输出语句查看其输出信息。

根据任务的要求，在代码 7.2 的基础上，需要增加一个不带参数的构造方法 Student()。在该方法体中，将该类的姓名、年龄、班级等成员变量的值分别初始化为“张林”、“20”、“BCIT14-1”；除此之外，还需要增加一个带参数的构造方法 Student(String stuName,int stuAge,String stuClass,String stuPhone)，在该方法体中将传递过来的参数值赋给该类的姓名、年龄、班级、电话等成员变量。

【示例代码 7.3】

```
/**
 * filename:Student.java
 * function:Student 类
 * @author sally
 */
import java.util.Scanner;
public class Student {
  //==成员变量==//
  private String stuName;
  private int stuAge;
  private String stuClass;
  private String stuPhone;

  //==无参构造方法==//
  public Student(){
    stuName ="张林";
```

```
    stuAge = 20;
    stuClass = "BCIT14";
    stuPhone = "1390908××××";
  }
  //==带参构造方法==//
  public Student (String stuName,int stuAge,String stuClass,String
stuPhone){
    this.stuName = stuName;
    this.stuAge = stuAge;
    this.stuClass = stuClass;
    this.stuPhone = stuPhone;
  }
  //==printInfo==//
  //  输出信息 //
  //==========//
  public void printInfo(){
    //==该方法中完成学生基本信息的输出
    System.out.println("学生的基本信息是");
    System.out.println("姓名\t 年龄\t 班级\t 联系电话");
    System.out.println(stuName+"\t"+stuAge+"\t"+stuClass+"\t"+
                       stuPhone);
  }
  //==程序入口
  public static void main(String[] arg){
    Student zhanglin = new Student();//创建 Student 类的对象
    zhanglin.printInfo();//输出张林的基本信息

    Student sally = new Student("莎莉",21,"Java14","1398731××××");
    sally.printInfo();//输出莎莉的基本信息
  }
}
```

运行代码 7.3 后，会得到如图 7-9 所示的结果。通过对代码的进一步分析发现，创建的第一个对象为 zhanglin，系统会根据该对象的实例化语句“Student zhanglin = new Student();”调用类中无参的构造方法，并通过该方法中的相应语句实现 zhanglin 对象中四个变量的赋值，即初始化操作。创建的第二个对象为 sally，系统会根据该对象的实例化语句“Student sally = new Student(“莎莉”，21，“Java14”，“1398731××××”);”调用类中带参数的构造方法，分别将“莎莉”，21，“Java14”，“1398731××××”等信息以参数的形式传递并赋给 sally 对象的四个变量。

```
Problems  @ Javadoc  Declaration  Console ⌧
<terminated> Code7_2 [Java Application] C:\Program Files\Java\jre6\bin\javaw.exe
学生的基本信息是
姓名      年龄      班级       联系电话
张林      20        BCIT14     1390908XXXX
学生的基本信息是
姓名      年龄      班级       联系电话
莎莉      21        JAVA14     1398731XXXX
```

图 7-9　代码 7.3 的运行结果

构造方法是类中的一个特殊方法，其方法名和类名一致，没有返回类型的说明，它在创建对象的时候才被调用。当编程者没有人为地为某个类编写构造方法的时候，创建对象时调用的是其默认的构造方法。该方法不接收任何参数，且没有方法体语句。如示例代码 7.2 中创建 Student 类的某个对象的语句“Student sally = new Student();”中，调用的就是该类的默认构造方法“Student()”，该构造方法并没有在类中做出显式声明。而在示例代码 7.3 中，显式声明了 Student 类中的两个构造方法：一个不带参数，但是有具体的方法体语句；一个带参数，也有具体的方法体语句。系统在执行的时候，会根据创建对象时所指明的构造方法调用与参数列表相对应的那个方法。

关键概念

构造方法是一种特殊的方法。在一个类中允许存在多个参数列表不同的构造方法，用来做对象的初始化操作。它具有以下几个特征：

（1）构造方法名和类名相同。

（2）构造方法没有返回类型。

（3）构造方法在创建对象时自动被调用。

在示例代码 7.3 中，出现了两个同名的构造方法，这两个方法仅参数列表不同，实际调用的时候系统会根据创建对象时的参数列表确定对应的是哪一个构造方法被调用了。同理，在同一个类中允许出现多个同名方法，这些方法仅靠参数列表的差异来区分。这种方式称为方法重载，它体现了编译时期的多态，是静态多态性的体现。java.io.PrintStream 类中的 print 方法就是方法重载的一种体现，如图 7-10 所示。

void	print(boolean b) 打印 boolean 值。
void	print(char c) 打印字符。
void	print(char[] s) 打印字符数组。
void	print(double d) 打印双精度浮点数。
void	print(float f) 打印浮点数。

图 7-10 print 方法的重载

关键概念

方法重载是指在同一个类中出现多个同名的方法，要求方法特征（参数类型、参数个数、参数顺序）不完全相同。编译时期的多态性是通过方法重载来体现的。

方法重载是面向对象编程的多态性的体现，也称为静态多态。可通过以下几个特点来判定方法是否实现了重载：

（1）在同一个类中出现了多个同名的方法。

（2）这些方法的参数列表不同，即参数类型、参数个数、参数顺序不同。

（3）返回类型不作为方法重载的判定依据。

7.2 类的封装

现实生活中，用户只需要明白电视、空调遥控器的每个按键有什么功能，通过按键可以实现什么操作即可。用户并不关心这些按键功能的具体实现方式，所以可以说遥控器内部的结构对于使用者而言是封存好的。用户通过外部提供的按键，实现对内部的数据和结构的访问及操作。

封装是面向对象编程的三大特性之一。封装是把操作和数据包装起来，数据对于类外部而言是隐藏的，只能通过事先定义的方法实现对数据的访问操作。封装是一种信息隐藏技术。在 Java、C、C#等编程语言中通过关键字 private 实现数据的隐藏，即封装。在编程中采用封装的技术，能彻底消除传统的面向过程编程中数据与操作分离所带来的各种问题，增强了程序的可维护性、可重用性、可控性，降低了程序复杂度。

对示例代码 7.2 进行修改，在类 Student 中编写 getStuName()、getStuAge()、getStuClass()、getStuPhone()等方法来获取 Student 类中的私有属性值，编写 setStuName()、setStuAge()、setStuClass()、setStuPhone()等方法来修改和设置 Student 中的私有属性值。

在该类中，由于 Student 中的四个成员变量均为私有属性，因此不能直接访问或修改其值，只能通过相应的公有方法来获得或改变其值。

【示例代码 7.4】

```
/**
 * filename:Student.java
```

```
 * function:Student 类
 * @author sally
 */
public class Student {
  //==成员变量==//
  private String stuName;
  private int stuAge;
  private String stuClass;
  private String stuPhone;

  //封装姓名信息
  public String getStuName(){
    return stuName;
  }
  public void setStuName(String stuName){
    this.stuName = stuName;
  }

  //封装年龄信息
  public int getStuAge(){
    return stuAge;
  }
  public void setStuAge(int stuAge){
    this.stuAge = stuAge;
  }

  //封装班级信息
  public String getStuClass(){
    return stuClass;
  }
  public void setStuClass(String stuClass){
    this.stuClass = stuClass;
  }

  //封装联系电话信息
  public String getStuPhone(){
```

```
        return stuPhone;
    }
    public void setStuPhone(String stuPhone){
        this.stuPhone = stuPhone;
    }
    public static void main(String[] arg){
        Student sally = new Student();//创建 Student 类的对象
        sally.setStuAge(21);
        sally.setStuClass("软件 14-2");
        sally.setStuName("莎莉");
        sally.setStuPhone("13989876865");
        String str = "姓名\t 年龄\t 班级\
        t 联系电话\n"+sally.getStuName()+"\t"+sally.getStuAge()+"\
        t"+sally.getStuClass()+"\
        t"+sally.getStuPhone();
        System.out.println(str);//输出信息
    }
}
```

运行代码 7.4 后，通过对象调用相应的 set 方法可以设置该对象的属性值，再通过调用相应的 get 方法获取这几个属性值，并显示出来，其输出结果如图 7-11 所示。

图 7-11　代码 7.4 的运行结果

面向对象编程语言中的封装就是将属性私有化，通过公有化的方法来访问和操作这些私有的属性。通常仅读出私有属性值的方法，称为读取器（getter），习惯上用 get×××的方式来命名此类方法；而修改私有属性值的方法，称为修改器（setter），习惯上用 set×××的方式来命名此类方法。对于类而言，其外部就通过公有的读取器方法或修改器方法实现了对类中私有属性值的访问和修改等操作，这样能够有效保护类中的私有数据。

7.3 继 承

在动物世界里，动物可分为爬行动物、哺乳动物、鸟类、鱼类等类别，每种类别又可以进一步分类，如图 7-12 所示。但无论怎么分，它们都属于动物这一大类，都具有动物共有的特性和行为。同时，它们又具有自身的特性和行为。

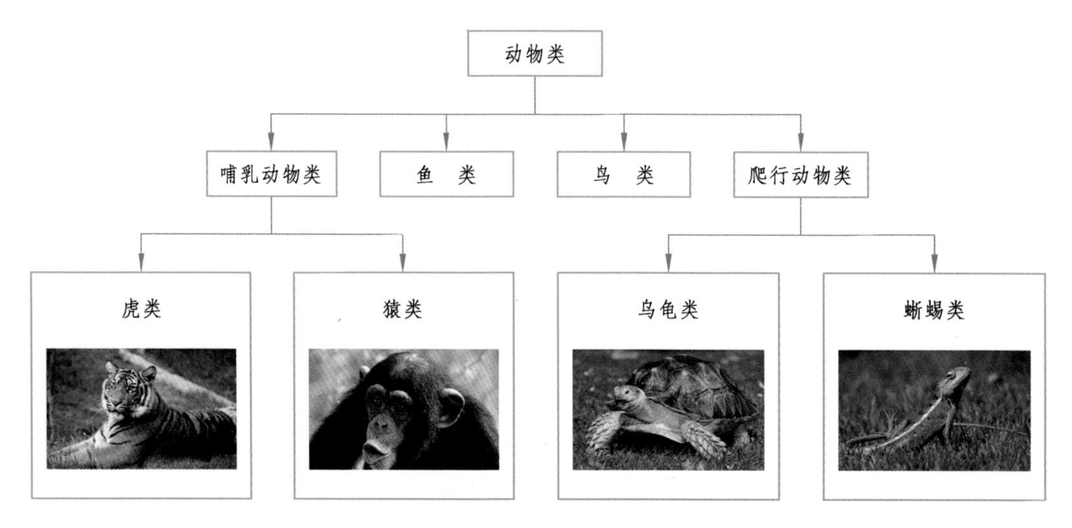

图 7-12 动物类的层次划分

继承是面向对象编程的三大特性之一。它允许编程者在已定义的类的基础上建立新的类，这个新的类能继承已有类的数据属性和行为，并能结合自身的特质扩展新的属性和行为。这种技术可以让编程者重用父类的代码，减少代码的冗余，以便于系统的维护，并大大缩短了开发周期，降低了开发费用，但随之而来的问题是代码安全性上的风险。

基于现有的类定义新类的做法称为派生（derivation）。新的类或派生类被称为派生它的类的子类（subclass），原有的类叫作基类（base class）、父类或超类（super class）。父类也可以有自己的父类，子类也可以有子类。比如，可以先定义一个类叫车辆类 Vehicle，车辆类 Vehicle 有以下属性：车体大小、颜色、方向盘、轮胎。由 Vehicle 这个类派生出轿车 Car 和卡车 Truck 两个类，为轿车类添加一个属性为小后备箱，而为卡车添加一个属性为大货箱。

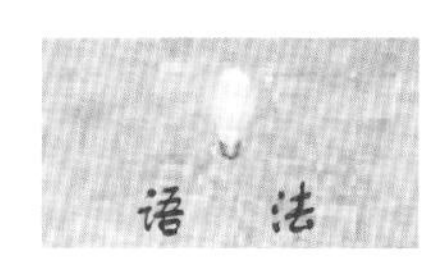

实现继承的语法格式如下：

[格式]

```
class 子类 extends 父类{
//子类的代码
……
}
```

编写一个顾客类，其属性包括 ID、姓名、电话、地址、购买力，其方法包括输入客户信息和输出客户信息的方法。编写一个员工类，其属性包括 ID、姓名、电话、地址、工资，其方法包括输入客户信息和输出客户信息的方法。

任务分析

绘制出顾客类 Customer 和员工类 Employee 的类图，如图 7-13 所示。

Customer	**Employee**
-id:String -name:String -phone:String -address:String -buyPower:double	-id:String -name:String -phone:String -address:String -salary:double
+inputDetails():void +outputDetails():void	+inputDetails():void +outputDetails():void

图 7-13 Customer、Employee 类图

【示例代码 7.5】

顾客类：Customer 类

```
/**
 *filename:Customer.java
 *function:Customer 顾客类
 * @author sally
 */
import java.util.*;
public class Customer {
  //==声明 Customer 类的属性==//
  private String id,name, phone,address;
  private double buyPower;
  //==成员方法 inputDetails()-输入顾客信息==//
  public void inputDetails(){
    Scanner scan=new Scanner(System.in);
    System.out.println("Id:");
    id=scan.nextLine();
    System.out.println("Name:");
    name=scan.nextLine();
    System.out.println("Phone:");
    phone=scan.nextLine();
    System.out.println("Address:");
    address=scan.nextLine();
    System.out.println("buyPower:");
    buyPower=scan.nextDouble();
}
  //==成员方法 outputDetails()-输入顾客信息==//
  public void outputDetails(){
    System.out.println("Id:"+id+ "\nName:"+name);
    System.out.println("Phone:"+phone+"Address:"+address);
    System.out.println("buypower:"+buyPower);
  }
}
```

员工类：Employee 类

```
/**
```

```
 *filename:Employee.java
 *function: Employee员工类
 * @author sally
 */
import java.util.*;
public class Employee {
  //==声明Employee类的属性==//
  private String id,name, phone,address;
  private double salary;
  //==成员方法inputDetails()-输入员工信息==//
  public void inputDetails(){
    Scanner scan=new Scanner(System.in);
    System.out.println("Id:");
    id=scan.nextLine();
    System.out.println("Name:");
    name=scan.nextLine();
    System.out.println("Phone:");
    phone=scan.nextLine();
    System.out.println("Address:");
    address=scan.nextLine();
    System.out.println("Salary:");
    salary=scan.nextDouble();
  }
  //==成员方法outputDetails()-输入员工信息==//
  public void outputDetails(){
    System.out.println("Id:"+id+ "\nName:"+name);
    System.out.println("Phone:"+phone+"Address:"+address);
    System.out.println("Salary:"+salary);
  }
}
```

对比Customer类和Employee类后发现，两段代码重复的部分太多，如何应用面向对象编程思想中的继承概念对上述代码进行优化是编程者需要解决的问题。

对上一任务中的代码进行优化，体现继承的思想，减少代码的冗余。

首先分析出 Customer 类和 Employee 类中的共有属性和共有行为，将其抽象出来设计并定义他们共有的父类 Person 类。该类中包含两者共有的属性——编号、姓名、电话和地址，以及共有的方法——信息输入和信息输出的方法。

【示例代码 7.6】

人类：Person 类

```
/**
 * filename:Person.java
 * function:人类
 * @author sally
 */
import java.util.*;
public class Person {
  //==声明 Pseron 类的属性==//
  private String id,name,phone,address;
  //==成员方法 inputDetails()-输入人类信息==//
  public void inputDetails(){
    Scanner scan=new Scanner(System.in);
    System.out.println("Id:");
    id=scan.nextLine();
    System.out.println("Name:");
    name=scan.nextLine();
    System.out.println("phone:");
    phone=scan.nextLine();
```

```
        System.out.println("address:");
        address=scan.nextLine();
    }
    //==成员方法 inputDetails()-输出人类信息==//
    public void outputDetails(){
        System.out.println("Id:"+id+"\nName:"+name);
        System.out.println("phone:"+phone+"address:"+address);
    }
}
```

顾客类：Customer类

```
import java.util.*;
public class Customer extends Person{
    //==声明 Customer 类的属性==//
    private double buyPower; //购买力
    //==成员方法 inputDetails()-输入顾客信息==//
    public void inputDetails(){
        Scanner scan =new Scanner(System.in);
        super.inputDetails();//调用父类的方法
        System.out.println("顾客购买力:");
        buyPower=scan.nextDouble();
    }
    //==成员方法 outputDetails()-输入顾客信息==//
    public void outputDetails(){
        super.outputDetails();
        System.out.println("buypower:"+buyPower);
    }
}
```

员工类：Employee类

```
/**
 * 191ilename:Employee.java
```

```
 * function:员工类
 * @author  Sally
 */
public class Employee extends Person {
  //==声明 Employee 类的属性==//
  private double salary;//薪水
  //==成员方法 inputDetails()-输入员工信息==//
  public void inputDetails(){
    Scanner scan =new Scanner(System.in);
    super.inputDetails();//调用父类的 inputDetails()方法
    System.out.println("Salary:");
    salary=scan.nextDouble();
  }
  //==成员方法 outputDetails()-输入顾客信息==//
  public void outputDetails(){
    super.outputDetails();//调用父类的 outputDetails()方法
    System.out.println("Salary:"+salary);
  }
}
```

示例代码 7.6 很好地体现了面向对象编程中继承的思想，用关键字"extends"实现了子类对父类的继承。将 Customer 和 Employee 类中共有的属性和方法抽象出来形成父类 Person 类，因为 Customer 类继承了父类 Person，就能获得父类中的属性和方法，并且根据自身的特点扩展了 buyPower 属性，修改了从父类继承得到的 inputDetails()和 outputDetails()方法。"super."关键字在此处的作用是先调用父类中的同名方法，再调用子类同名方法中 super 语句之后的其他语句。这种方式实现了运行时期的多态，即方法覆盖。

关键概念

方法覆盖是指子类继承父类后，出现的和父类同名的方法，要求方法特征（方法名、方法参数列表、方法返回类型说明）完全相同。运行时期的多态通过方法覆盖来实现的。

方法覆盖是面向对象编程多态性的体现，也称为动态多态。它的作用是当父类中的方法不能满足需要时，使得在子类中可以重新定义父类中已有的方法，从而体现出子类自己的行为。

方法覆盖时应遵循的原则：

（1）覆盖后的方法不能比被覆盖的方法有更严格的访问权限。

（2）覆盖后的方法不能比被覆盖的方法产生更多的异常。

通过对这部分内容的学习和实践，请填写表 7-1，对自己的知识理解、学习和技能掌握情况做出评价（在相应的单元格内画“√”）。

表 7-1　自我评价

序号	学习目标	达到	基本达到	没有达到
1	能描述类和对象的概念			
2	能区分类中的成员变量和成员方法的概念及作用			
3	能说出类中构造方法的作用和特征			
4	能说出设置器和读取器的作用			
5	能按要求完成某个类的定义和对象的创建			
6	能通过类的设置器、读取器编写具有封装特性的类			
7	能说出继承的优势和缺陷			
8	会用 extends 关键字实现类的继承编码操作			
9	会区分方法覆盖和方法重载			

一、选择题

1. 类与对象的关系是（　　）。

A. 类是对象的抽象

B. 对象是类的抽象

C. 对象是类的子类

D. 类是对象的具体实例

2. 如果一个类的成员变量只能在所在类中使用，则该成员变量必须使用的修饰是（　　）。

A. public　　B. private

C. protected　　D. 缺省

3. 下列哪个描述不是构造方法的特征？（　　）

A. 类名和方法名一致　　B. 没有返回类型说明

C. 方法的返回类型说明是 void　　D. 构造方法在创建对象的时候自动被调用

4. 在 Java 中实现继承的关键字是（　　）。

A. extends　　B. import

C. super　　D. class

5. （　　）是指子类中的一个方法与父类中的方法有相同的方法名并具有相同数量和类型的参数列表。

A. 覆盖方法　　B. 重载方法

C. 强制类型转换　　D. 以上所有选项都不正确

6. 下面关于多态性的说法，正确的是（　　）。

A. 一个类中不能有同名的方法

B. 子类中不能有和父类中同名的方法

C. 子类中可以有和父类中同名且参数相同的方法

D. 多态性就是方法的名字可以一样，但返回的类型必须不一样

7. 下面的方法重载，正确的是（　　）。

A. int fun(int a , float b){ }
float fun(int a,float b){ }

B. float fun(int a , float b){ }
float fun(int x , float y){ }

C. float fun(float a){ }
float fun(float a,float b){ }

D. float fun1(int a,float b){ }
float fun2(int a,float b){ }

二、实践操作题

1. 找出下面一段代码的错误之处，并予以修正。

```
public class Customer {
private String name;   // 客户姓名
   //==构造方法==//
   public   Customer(String name){
         this.name=name;
   }
   //==成员方法 output 输出信息==//
   public void output(){
         System.out.println("姓名："+name);
   }
   public   static void main(String []s){
         Customer   zs=new Customer();
         zs.output();
   }
}
```

2. 编写一个 Car 类，包含的成员变量有：door_number,speed,color。它有一个构造方法 Car(int door_number,int speed,String color)，用来初始化汽车的基本信息。除此之外，它还有一个公有的名为 stop()的成员方法，调用之后，使 speed 的值为 0。

3. 声明一个汽车类 Car，包含 brand(String),price(double),CarColor(String)等成员变量。该类还有三个方法，即 getBrand(),getPrice(),getColor(),分别返回相应的属性值。

4. 编写一个学生类 Student，包含姓名（String），年龄（int），班级（String）三个成员变量。定义该类的构造方法 Student(String name,int age,String banji)，在构造方法中完成成员变量的初始化工作。

5. 设计并实现图书类 Book，包含书名、作者、出版社、图书价格等属性；定义 Book 类的构造方法接收和初始化这些数据，并定义接收和设置这些数据的方法；定义 printInt() 方法返回多行显示，且格式规范美观的字符串显示图书信息，编写并创建测试类 BookTest，在该类中的 main 方法里创建 Book 类的多个对象。（Book 类中的成员变量命名自行确立，满足变量名命名规范即可。)

6. 设计并实现代表火车信息的类 TrainInfo，该类包含车次号、运行时间、始发地和目的地城市名等属性；定义 TrainInfo 类的构造方法接收和初始化这些数据，并定义这些成员变量的设置器和读取器实现对数据的访问和操作。定义 printInt()方法，返回一行能描述火车信息的语句，编写并创建测试类 TrainTest，在该类中的 main()方法里创建 TrainTest 类的多个对象。(TrainInfo 类中的成员变量命名自行确定，满足变量名命名规范即可。)

任务报告

Task 1：逻辑思维能力摸底

<table>
<tr><th colspan="4">任务报告</th></tr>
<tr><td>任务名称</td><td>逻辑思维能力摸底</td><td>预计时间</td><td>1 学时</td></tr>
<tr><td>姓　　名</td><td></td><td>辅导老师</td><td></td></tr>
<tr><td>学　　号</td><td></td><td>任务日期</td><td></td></tr>
<tr><td>目的</td><td colspan="3">1. 对学生的思维习惯和模式进行摸底；
2. 对学生的编程基础进行摸底；
3. 使学生能逐步适应编程的思维逻辑。</td></tr>
<tr><th colspan="4">任务清单</th></tr>
<tr><td>任务要求</td><td colspan="3">1. 请填写空缺的数字。
961 (25) 432　　932 (____) 731
2. 请填写空缺的数字。
1　8　27　(____)
3. 请填写空缺的数字。
16 (96) 12　　10 (____) 15
4. 请填写空缺的数字。
41 (28) 27　　83(____)65
5. 下列 4 个选项中，哪项该填在“XOOOOXXOOOXXX”后面？（　　）。
A. XOO　　B. OOX　　C. XOX　　D. OXX
6. 请填写空缺的字母。
B　F　K　Q　(____)
7. 请填写空缺的字母。
C F I　　D H L　　E J (____)
8. 请填写空缺的数字。
2　8　14　20　(____)
9. 三个箭头之间的空白处应该填什么数？</td></tr>
</table>

任务要求	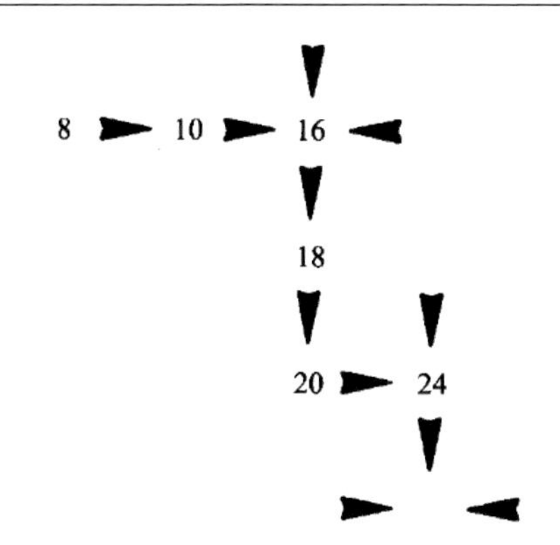 10. 第二列下端的空白处应该填什么数字? 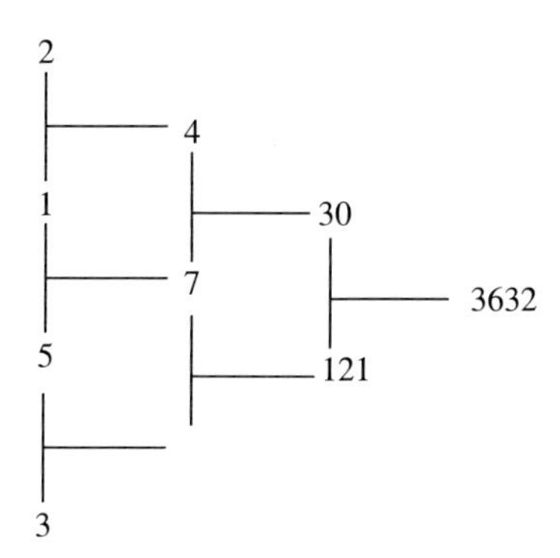 11. 请在空格中填入合乎逻辑的图形。 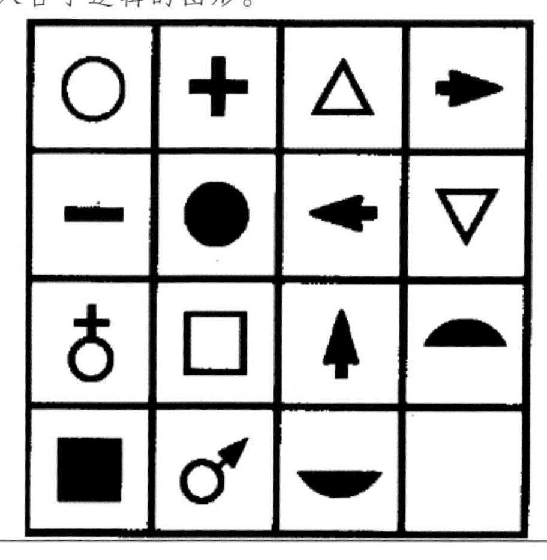

<table>
<tr><td>任务要求</td><td colspan="4">12. 如何借助计算机计算 1+2+3+4+……+100=?
13. 你如何理解变量与常量?
14. 你是谁?你想做什么?你能够做什么?</td></tr>
<tr><td rowspan="7">遇到的问题及解决方案</td><td>序号</td><td colspan="2">遇到的问题</td><td>解决方案</td></tr>
<tr><td></td><td colspan="2"></td><td></td></tr>
<tr><td></td><td colspan="2"></td><td></td></tr>
<tr><td></td><td colspan="2"></td><td></td></tr>
<tr><td></td><td colspan="2"></td><td></td></tr>
<tr><td></td><td colspan="2"></td><td></td></tr>
<tr><td></td><td colspan="2"></td><td></td></tr>
<tr><td rowspan="4">完成情况</td><td>序号</td><td>任务</td><td colspan="2">完成情况</td></tr>
<tr><td>1</td><td>完成任务中的逻辑推理题</td><td colspan="2">□独立完成 □协助完成 □没有完成</td></tr>
<tr><td>2</td><td>用编程的思想解决 1~100 的自然数求和</td><td colspan="2">□独立完成 □协助完成 □没有完成</td></tr>
<tr><td>3</td><td>对自己的专业水平和思维方式有个正确的认识</td><td colspan="2">□认识正确 □认识一般 □不正确</td></tr>
</table>

Task 2：我的第一个程序

任务报告			
任务名称	我的第一个程序	预计时间	3学时
姓　　名		辅导老师	
学　　号		任务日期	
目的	1. 熟练使用Eclipse环境进行Java程序的编译、调试、运行； 2. 会编写风格良好的代码； 3. 具备基本的程序调试能力，能识别常见的几种语法错误，能逐步适应编程的思维逻辑。		

任务清单

任务要求

一、熟悉Eclipse开发环境

【任务描述】

启动Eclipse，新建一个名为“FirstProgram”的工程文件，在Eclipse开发环境左侧的“package explore”中找到新建的工程文件，点击右键，选择“new”→“class”，给类取名为“Demo”，输入以下代码，然后测试运行。

```
public class Demo{
    public static void main(String[ ] args){
        System.out.println(“Hello EveryOne!”);
    }
}
```

【记录】请在下面记录你在编写第一个Java程序时遇到的错误。

____

____

二、按要求完成编码并调试、运行

【任务描述】

编写一段代码，在屏幕上输出下列信息：

```
=============================
=          我爱编程         =
=============================
```

任务要求

【解决任务】请将代码补充在下列空白处

```
public class IloveProgram{
   public static void main(String args[]){



   }
}
```

三、按下列代码风格进行编码，并指出代码中需要优化的地方。

```
import java.util.*;
public class CodeStytle{
public                    static       void main(String args[]){
System.out.println("编码风格！ ");
Scanner scan = new Scanner(System.in);
String a;
int b;
a = scan.next();
b = scan.nextInt();
System.out.println(a);
System.out.println(b);
}
}
```

【解决任务】请指出上述代码的缺陷，写在下面的横线上。

____

____

四、按照下列代码所示完成 Java 代码的编写和编译，记录下每行的错误及原因，并加以修正。

```
/**
*filename:MyProgram.java
*function:常见错误解析
*/
public class myProgram{
public Static main (string[] args){
System.out.println ("!!!!!!!!!!!!!!!!!!!!!!!!!!!!!!!!!!!!!!!!!!!!!!");
System.out.println (This program used to have lots of problems,"); /输出信息
System.out.println ("but if it prints this, you fixed them all.")
System.out.println (" *** Hurray! ***);
System.out.println ("!!!!!!!!!!!!!!!!!!!!!!!!!!!!!!!!!!!!!!!!!!!!!!");
}
}
```

<table>
<tr><td rowspan="7">遇到的问题及解决方案</td><td>序号</td><td colspan="2">遇到的问题</td><td>解决方案</td></tr>
<tr><td></td><td colspan="2"></td><td></td></tr>
<tr><td></td><td colspan="2"></td><td></td></tr>
<tr><td></td><td colspan="2"></td><td></td></tr>
<tr><td></td><td colspan="2"></td><td></td></tr>
<tr><td></td><td colspan="2"></td><td></td></tr>
<tr><td></td><td colspan="2"></td><td></td></tr>
<tr><td rowspan="5">完成情况</td><td>序号</td><td>任务</td><td colspan="2">完成情况</td></tr>
<tr><td>1</td><td>正确使用注释</td><td colspan="2">□独立完成 □协助完成 □没有完成</td></tr>
<tr><td>2</td><td>采用缩进方式进行编码</td><td colspan="2">□独立完成 □协助完成 □没有完成</td></tr>
<tr><td>3</td><td>识别至少 5 种以上编码常见错误</td><td colspan="2">□独立完成 □协助完成 □没有完成</td></tr>
<tr><td>4</td><td>运用 Eclipse 实现编程操作</td><td colspan="2">□独立完成 □协助完成 □没有完成</td></tr>
</table>

Task 3_01：运算符与表达式

<table>
<tr><th colspan="4">任务报告</th></tr>
<tr><td>任务名称</td><td>运算符与表达式</td><td>预计时间</td><td>2 学时</td></tr>
<tr><td>姓　　名</td><td></td><td>辅导老师</td><td></td></tr>
<tr><td>学　　号</td><td></td><td>任务日期</td><td></td></tr>
<tr><td>目　的</td><td colspan="3">1. 描述运算符和表达式的概念；
2. 熟练使用+、-、*、/、%算术运算符；
3. 熟练使用++、--运算符；
4. 熟练使用关系运算符、赋值运算符和复合赋值运算符。</td></tr>
<tr><th colspan="4">任务清单</th></tr>
<tr><td>任务要求</td><td colspan="3">一、算术运算符的使用
【任务描述】声明 a,b,c 三个整型变量，并赋初值；声明 m,n 两个双精度变量，并赋初值。按照给出的表达式，计算出结果并填写在右侧的横线上。
int a = 4, b = 15, c = 8;
double m = 13.9, n = 4.3;
a. a + b * c ______　　b. a − b − c ______
c. a / b ______　　d. b / a ______
e. a − b / c ______　　f. m / n ______
g. n / m ______　　h. a + m / b ______
i. a % b / n ______　　j. b % a ______
k. m % n ______
二、++、--运算符练习
【任务描述】声明 num1,num2 两个整型变量，并赋初值，在执行完相应的语句后，填写出 num1 和 num2 的结果。
<table>
<tr><th>执行语句</th><th>num1 的值</th><th>num2 的值</th></tr>
<tr><td>int num1=3,num2=4;
num1 = num2++;</td><td></td><td></td></tr>
<tr><td>int num1=3,num2=4;
num1 = ++num2;</td><td></td><td></td></tr>
<tr><td>int num1=3,num2=4;
num1 = num2--;</td><td></td><td></td></tr>
<tr><td>int num1=3,num2=4;
num1 = --num2;</td><td></td><td></td></tr>
</table>
</td></tr>
</table>

<table>
<tr><td>任务要求</td><td colspan="3">
三、复合赋值运算符和关系运算符
【任务描述】声明 a,b,c 三个整型变量，并赋初值。按照给出的表达式，计算出结果并填写在右侧的横线上。
int a = 5, b = 15, c = 8;
a. a+=a ____________
b. b*=a ____________
c. b/=a ____________
d. b-=c ____________
e. a>(b-c) ____________
f. (a*=3)==b ____________
g. (b%c)<5 ____________
四、编写 Java 程序解答上述三道题，并将结果输出，验证与之前算出的结果是否一致。
</td></tr>
<tr><td rowspan="7">遇到的问题及解决方案</td><td>序号</td><td>遇到的问题</td><td>解决方案</td></tr>
<tr><td></td><td></td><td></td></tr>
<tr><td></td><td></td><td></td></tr>
<tr><td></td><td></td><td></td></tr>
<tr><td></td><td></td><td></td></tr>
<tr><td></td><td></td><td></td></tr>
<tr><td></td><td></td><td></td></tr>
<tr><td rowspan="5">完成情况</td><td>序号</td><td>任务</td><td>完成情况</td></tr>
<tr><td>1</td><td>算术运算符的使用</td><td>□独立完成 □协助完成 □没有完成</td></tr>
<tr><td>2</td><td>++和--运算符的使用及其区别</td><td>□独立完成 □协助完成 □没有完成</td></tr>
<tr><td>3</td><td>复合赋值运算符的使用</td><td>□独立完成 □协助完成 □没有完成</td></tr>
<tr><td>4</td><td>关系运算符的使用</td><td>□独立完成 □协助完成 □没有完成</td></tr>
</table>

Task 3_02：运算符和转义字符

任务报告			
任务名称	运算符和转义字符	**预计时间**	3 学时
姓　　名		**辅导老师**	
学　　号		**任务日期**	
目的	1. 会使用转义字符； 2. 会运用 Scanner 类实现用户的数据输入； 3. 根据任务要求，会用运算符完成计算，并将结果输出。		
任务清单			

任务要求

一、转义字符的练习

【任务描述】

编写一个 Java 应用程序，能按下述方式实现信息的输出。要求：只用一条 print 语句实现。

```
///////////////////\\\\\\\\\\\\\\\\\\\
== Student Points ==
\\\\\\\\\\\\\\\\\\\///////////////////
Name        Lab       Bonus         Total
----        ---       -----         -----
Sally       43          7             50
Rose        50          8             58
Jackie      39          10            49
```

二、程序填空

【任务描述】

将下列程序中空缺部分填写完整，并上机调试、运行。

```
import java.util.Scanner;
public class Average{
        public static void main(String[] args){
                int val1, val2, val3;
                double average;
                Scanner scan = new Scanner(System.in) ;
                // get three values from user
                System.out.println("Please enter three integers and " +
                "I will compute their average");
                ________________________________________
                ________________________________________
                ________________________________________
                //compute the average
                ________________________________________
```

任务要求	

	//print the average
	____________________________________
	}
	}
	三、从键盘输入收圆的半径，计算该圆的面积后，将结果输出。
	//***
	// Circle.java
	// Print the area of a circle with two different radii
	//***
	import java.util.Scanner;
	public class Circle{
	public static void main(String[] args) {
	final double PI = 3.14159;
	int radius = 0;
	//声明Scanner对象
	____________________________________
	//从键盘接收数据
	____________________________________
	//计算圆的面积
	____________________________________
	//将结果输出
	____________________________________
	}
	}
	四、编程题
	【任务描述】
	编写一个应用程序 TempConverter，读取用户输入的华氏温度，然后转换成摄氏温度输出。
	【代码】：____
	____
	____
	____
	____
	____
	____
	____
	五、编程题
	【任务描述】
	编写一个应用程序，将英里转换为千米（1 英里等于 1.60935 千米）。以浮点类型读取用户输入的英里数。

<table>
<tr><td rowspan="1">任务要求</td><td colspan="3">【代码】: ____________________
____
____
____
____
____
六、编程题
【任务描述】
编写一应用程序，读入一个以秒为单位的时间长度，然后换算成小时、分和秒组合表达方式并打印输出（例如，9999 秒等于 2 小时 46 分 39 秒）。
【代码】: ____________________
____
____
____
____
____________________</td></tr>
<tr><td rowspan="7">遇到的问题及解决方案</td><td>序号</td><td>遇到的问题</td><td>解决方案</td></tr>
<tr><td></td><td></td><td></td></tr>
<tr><td></td><td></td><td></td></tr>
<tr><td></td><td></td><td></td></tr>
<tr><td></td><td></td><td></td></tr>
<tr><td></td><td></td><td></td></tr>
<tr><td></td><td></td><td></td></tr>
<tr><td rowspan="5">完成情况</td><td>序号</td><td>任务</td><td>完成情况</td></tr>
<tr><td>1</td><td>转义字符的熟练使用</td><td>□独立完成 □协助完成 □没有完成</td></tr>
<tr><td>2</td><td>用 Scanner 类实现数据的输入</td><td>□独立完成 □协助完成 □没有完成</td></tr>
<tr><td>3</td><td>用运算符完成计算，并将结果输出</td><td>□独立完成 □协助完成 □没有完成</td></tr>
<tr><td>4</td><td>学会常量的声明和使用</td><td>□独立完成 □协助完成 □没有完成</td></tr>
</table>

Task 4_01：选择语句

任务报告			
任务名称	选择语句	**预计时间**	3 学时
姓　　名		**辅导老师**	
学　　号		**任务日期**	
目的	1. 熟练使用 if、if-else 语句进行 Java 程序的编译、调试、运行； 2. 熟练使用 if 嵌套语句进行编程。		

任务清单

任务要求

1. 下面的代码有什么问题？重新改写使其能产生正确的输出。

```
if (total == MAX)
    if (total < sum)
        System.out.println ("total == MAX and < sum.");
else
    System.out.println ("total is not equal to MAX");
```

出错问题描述：____

2. 下面的代码段有什么问题？如果该段代码是另一个有效程序的一部分，能够正确编译吗？

```
if (length = MIN_LENGTH)
        System.out.println ("The length is minimal.");
```

出错问题描述：____

3.下面的代码能输出什么？

```
int num = 98, max = 37;
if (num >= max*2)
    System.out.println ("apple");
    System.out.println ("watermelon");
   System.out.println ("pear");
```

输出结果：____

____

____

4.下面的代码输出什么？

```
int limit = 100, num1 = 15, num2 = 40;
if (limit <= limit){
```

任务要求

```
        if (num1 == num2)
            System.out.println ("lemon");
            System.out.println ("lime");
    }
    System.out.println ("grape");
```

输出结果：____

____

5.下面的代码输出什么？

```
int num = 1, max = 20;
while (num < max){
    System.out.println (num);
    num += 4;
}
```

输出结果：____

____

____

____

____

6.下面的代码输出什么？

```
int num = 1, max = 20;
while (num < max){
    if (num%2 == 0)
        System.out.println (num);
    num++;
}
```

输出结果：____

____

____

____

____

____

<table>
<tr><td rowspan="2">任务要求</td><td colspan="3">7.下面的代码输出什么？

```
for (int num = 0; num <= 200; num += 2)
    System.out.println (num);
```

输出结果：______</td></tr>
<tr><td colspan="3">8.下面的代码输出什么？

```
for (int val = 200; val >= 0; val -= 1)
    if (val % 4 != 0)
        System.out.println (val);
```

输出结果：______</td></tr>
<tr><td rowspan="7">遇到的问题及解决方案</td><td>序号</td><td>遇到的问题</td><td>解决方案</td></tr>
<tr><td></td><td></td><td></td></tr>
<tr><td></td><td></td><td></td></tr>
<tr><td></td><td></td><td></td></tr>
<tr><td></td><td></td><td></td></tr>
<tr><td></td><td></td><td></td></tr>
<tr><td></td><td></td><td></td></tr>
<tr><td rowspan="5">完成情况</td><td>序号</td><td>任务</td><td>完成情况</td></tr>
<tr><td>1</td><td>运用关系运算符判定选择条件</td><td>□独立完成 □协助完成 □没有完成</td></tr>
<tr><td>2</td><td>运用 if 语句进行编程</td><td>□独立完成 □协助完成 □没有完成</td></tr>
<tr><td>3</td><td>运用 if-else 语句进行编程</td><td>□独立完成 □协助完成 □没有完成</td></tr>
<tr><td>4</td><td>运用 if 语句的嵌套进行编程</td><td>□独立完成 □协助完成 □没有完成</td></tr>
</table>

Task 4_02：循环语句

任务报告			
任务名称	循环语句	**预计时间**	4 学时
姓　　名		**辅导老师**	
学　　号		**任务日期**	
目　　的	1. 描述 while,do-while 和 for 语句的结构和各自的特点； 2. 会根据任务要求，选择恰当的循环语句进行编程。		

任务清单

任务要求

1.将下面的 while 循环分别转化成 do 循环和 for 循环，确保输出结果一样。

```
int num = 1;
while (num < 20){
    num++;
    System.out.println (num);
}
```

代码如下:【 do 循环代码 】

【 for 循环代码 】

2. 利用 while 循环语句编写一个程序，用于验证用户输入的数是偶数。

【 代码如下 】:

任务要求	3. 利用 for 循环语句编写一个程序，打印输出 100 以内的奇数。 【代码如下】: 4. 编写一段代码，读取用户输入的 10 个整数，并打印输出最大值。 【代码如下】: 5. 设计并实现一个程序，打印输出一个 9*9 乘法表。 【代码如下】:

任务要求	6. 设计并实现一个猜数游戏程序。程序从 1~100 中随机选择一个数，然后反复让用户猜该数字是什么，直到猜对或用户退出为止。每猜一次都告诉用户猜测的结果是对还是过大或过小。使用一个标识值确定用户是否想退出。当用户猜对时报告其猜测的次数。每次游戏结束时询问用户是否想继续玩，直到用户选择结束。 【代码如下】:

任务要求	

任务要求	7. 用循环控制语句输出下图所示的图形，在空白的地方把代码补充完整。 * *** ***** ******* ********* ********* ******* ***** *** * 分析提示： （1）考虑用for循环的嵌套来实现，外层循环控制每行信息的输出，内层循环控制每行空格个数和星号个数的输出； （2）考虑用常量来表示输出星号的总行数，例如，final int LIMIT = 10 ，表示输出行数为10行； （3）考虑分上半部分星号输出与下半部分星号输出实现整体效果。

任务要求	8. 设计并实现一个程序，用于模拟一台简单的老虎机。三个数字将从0～9中随机选取并并排显示。当三个数字都相同时输出“Jackpot!!!!”，两个数字相同时，显示“Matched 2!!”。用户选择退出之前可一直玩下去。 分析提示： （1）除了用Random类实现随机数的生成外，可以用Math类的random()方法得到随机数。例如，“(int)Math.random()*10;”这条语句可以生成0～9之间的随机整数。 （2）用do-while循环语句控制游戏的反复操作，直到用户选择退出游戏。

任务要求	9. 设计并实现一个和计算机交互的猜拳游戏程序。当两个人玩的时候，每个人要同时选择1项（用1代表石头，用2代表布，3代表剪刀），然后决出胜负。规则为石头赢剪刀，剪刀赢布，布赢石头。程序必须随机选取一项但不表示出来，然后提示用户选择。当用户选择后，程序同时显示出计算机和用户的选择并且打印双方的输赢次数及和局的次数。

<table>
<tr><td>任务要求</td><td colspan="4"></td></tr>
<tr><td rowspan="8">遇到的问题及解决方案</td><td>序号</td><td colspan="2">遇到的问题</td><td>解决方案</td></tr>
<tr><td></td><td colspan="2"></td><td></td></tr>
<tr><td></td><td colspan="2"></td><td></td></tr>
<tr><td></td><td colspan="2"></td><td></td></tr>
<tr><td></td><td colspan="2"></td><td></td></tr>
<tr><td></td><td colspan="2"></td><td></td></tr>
<tr><td></td><td colspan="2"></td><td></td></tr>
<tr><td></td><td colspan="2"></td><td></td></tr>
<tr><td rowspan="4">完成情况</td><td>序号</td><td>任务</td><td colspan="2">完成情况</td></tr>
<tr><td>1</td><td>使用 while 循环语句实现编程操作</td><td colspan="2">□独立完成 □协助完成 □没有完成</td></tr>
<tr><td>2</td><td>使用 do-while 循环语句实现编程操作</td><td colspan="2">□独立完成 □协助完成 □没有完成</td></tr>
<tr><td>3</td><td>使用 for 循环语句实现编程操作</td><td colspan="2">□独立完成 □协助完成 □没有完成</td></tr>
</table>

Task 5：查找和排序算法实例

<table>
<tr><th colspan="4">任务报告</th></tr>
<tr><td>任务名称</td><td>查找和排序算法实例</td><td>预计时间</td><td>3 学时</td></tr>
<tr><td>姓　　名</td><td></td><td>辅导老师</td><td></td></tr>
<tr><td>学　　号</td><td></td><td>任务日期</td><td></td></tr>
<tr><td>目　　的</td><td colspan="3">1. 能用顺序查找法编写程序解决实际问题；
2. 能用二分查找法编写程序解决实际问题；
3. 能用冒泡排序法编写程序解决实际问题。</td></tr>
<tr><th colspan="4">任务清单</th></tr>
<tr><td>任务要求</td><td colspan="3">1. 线性表中存放了十名获奖学生的信息，要求编写程序根据姓名查找某学生是否获奖。线性表中存放的学生信息包括：学号、姓名、平均成绩和综合素质分。</td></tr>
</table>

任务要求	2. 编程实现在有 13 个元素的有序表（11,17,22,28,33,37,41,49,55,59,65,70,74）中查找 22 和 68。

任务要求	3. 编程实现对线性表（11,35,7,69,15,38,89,54,68,20）中的元素按从大到小的方式排序。

<table>
<tr><td>任务要求</td><td colspan="3"></td></tr>
<tr><td rowspan="7">遇到的问题及解决方案</td><td>序号</td><td>遇到的问题</td><td>解决方案</td></tr>
<tr><td></td><td></td><td></td></tr>
<tr><td></td><td></td><td></td></tr>
<tr><td></td><td></td><td></td></tr>
<tr><td></td><td></td><td></td></tr>
<tr><td></td><td></td><td></td></tr>
<tr><td></td><td></td><td></td></tr>
<tr><td rowspan="4">完成情况</td><td>序号</td><td>任务</td><td>完成情况</td></tr>
<tr><td>1</td><td>用顺序查找法编写程序解决实际问题</td><td>□独立完成 □协助完成 □没有完成</td></tr>
<tr><td>2</td><td>用二分查找法编写程序解决实际问题</td><td>□独立完成 □协助完成 □没有完成</td></tr>
<tr><td>3</td><td>用冒泡排序法编写程序解决实际问题</td><td>□独立完成 □协助完成 □没有完成</td></tr>
</table>

Task 6：方法的使用

<table>
<tr><th colspan="4">任务报告</th></tr>
<tr><td>任务名称</td><td>方法的使用</td><td>预计时间</td><td>3 学时</td></tr>
<tr><td>姓　　名</td><td></td><td>辅导老师</td><td></td></tr>
<tr><td>学　　号</td><td></td><td>任务日期</td><td></td></tr>
<tr><td>目　　的</td><td colspan="3">1. 描述编程语言中方法的作用；
2. 描述方法的构成；
3. 根据编程的需求完成方法的定义；
4. 根据编码需要调用自定义的方法。</td></tr>
<tr><th colspan="4">任务清单</th></tr>
<tr><td>任务要求</td><td colspan="3">1. 编写一个方法 randomInarange()，以两个表示范围的整数为参数（假设第二个数大于第一个数），返回在该范围内的一个随机整数。
______
______
______
______
______
______
2. 编写一个方法，以一个整数为参数并返回该整数的三次方值。
【代码】______
______
______
______
______
3. 编写一个方法 random100()，返回一个 1~100 的随机整数。
【代码】______
______
______
______
______</td></tr>
</table>

<table>
<tr><td>任务要求</td><td colspan="3">4. 编写一个方法 randomColor(), 创建并返回一个 Color 对象表示随机颜色。Color 对象可以用三个分别代表红、绿、蓝（RGB 值）且分布在 0～255 之间的整数定义。
【代码】________________</td></tr>
<tr><td rowspan="6">遇到的问题及解决方案</td><td>序号</td><td>遇到的问题</td><td>解决方案</td></tr>
<tr><td></td><td></td><td></td></tr>
<tr><td></td><td></td><td></td></tr>
<tr><td></td><td></td><td></td></tr>
<tr><td></td><td></td><td></td></tr>
<tr><td></td><td></td><td></td></tr>
<tr><td rowspan="4">完成情况</td><td>序号</td><td>任务</td><td>完成情况</td></tr>
<tr><td>1</td><td>正确说出方法的作用和构成要素</td><td>□独立完成 □协助完成 □没有完成</td></tr>
<tr><td>2</td><td>根据编程的需求完成方法的定义</td><td>□独立完成 □协助完成 □没有完成</td></tr>
<tr><td>3</td><td>根据编程需要调用自定义的方法</td><td>□独立完成 □协助完成 □没有完成</td></tr>
</table>

Task 7：类和对象

<table>
<tr><th colspan="4">任务报告</th></tr>
<tr><td>任务名称</td><td>类和对象</td><td>预计时间</td><td>3 学时</td></tr>
<tr><td>姓　　名</td><td></td><td>辅导老师</td><td></td></tr>
<tr><td>学　　号</td><td></td><td>任务日期</td><td></td></tr>
<tr><td>目　　的</td><td colspan="3">1. 会根据需要完成类图的绘制和类的设计；
2. 会创建对象；
3. 会实现类的继承；
4. 会编码实现方法的重载和方法的覆盖。</td></tr>
<tr><th colspan="4">任务清单</th></tr>
<tr><td>任务要求</td><td colspan="3">1. 设计并实现类 Bulb，该类代表一个可以开或关的灯泡。创建驱动类 Lights，该类的 main()方法实例化一些 Blub 对象，并且将其设置为开灯的状态。
【类图如下】

【代码】</td></tr>
</table>

任务要求	2. 设计并实现类 Book，所包含的实例数据表示书名、作者、出版社及价格。定义 Book 构造方法接收和初始化这些数据，并定义接收和设置这些数据的方法。定义 printInfo 方法返回多行且格式美观的描述书的字符串。创建测试类 BookTest，该类的 main()方法实例化并更新若干个 Book 对象。 【代码】

任务要求	

任务要求	3. 设计并实现类 Box，所包含的实例数据表示盒子的高度、宽度和厚度。用一个 boolean 型数据变量 full 表示盒子是否装满。定义 Box 构造方法接收和初始化盒子的高度、宽度、厚度。每一个新建的盒子都初始化为空（构造方法必须将其实例变量 full 初始化为 false）。定义每一个实例数据的获取器和设置器方法，定义 printBoxInfo 方法返回一行描述盒子的字符串。创建测试类 BoxTest，该类的 main() 方法实例化并更新若干个 Box 对象。 【代码】

任务要求	

任务要求	4. 方法重载 （1）编写一个方法 average()，该方法以两个整数为参数，并以浮点数形式返回两个整数的平均值。 【代码】

<table>
<tr><td rowspan="2">任务要求</td><td colspan="3">（2）重载任务一中的average()方法，使得输入参数为3个整数，然后返回这3个数的平均值。
【代码】</td></tr>
<tr><td colspan="3">（3）重载任务一中的average()方法，使其返回4个参数的平均值。
【代码】</td></tr>
<tr><td rowspan="7">遇到的问题及解决方案</td><td>序号</td><td>遇到的问题</td><td>解决方案</td></tr>
<tr><td></td><td></td><td></td></tr>
<tr><td></td><td></td><td></td></tr>
<tr><td></td><td></td><td></td></tr>
<tr><td></td><td></td><td></td></tr>
<tr><td></td><td></td><td></td></tr>
<tr><td></td><td></td><td></td></tr>
<tr><td rowspan="4">完成情况</td><td>序号</td><td>任务</td><td>完成情况</td></tr>
<tr><td>1</td><td>正确使用方法重载</td><td>□独立完成 □协助完成 □没有完成</td></tr>
<tr><td>2</td><td>正确使用方法覆盖</td><td>□独立完成 □协助完成 □没有完成</td></tr>
<tr><td>3</td><td>按设计要求完成类的设计和实现</td><td>□独立完成 □协助完成 □没有完成</td></tr>
</table>

参考文献

[1] 韦鹏程，石熙，肖丽. Java 程序设计[M]. 北京：中国铁道出版社，2011.

[2] John Lewis, William Loftus. Java 程序设计教程[M]. 8 版. 张君施，刘丽丽，等，译. 北京：电子工业出版社，2015.

[3] Metsker S J. Java 设计模式[M]. 2 版. 北京：电子工业出版社，2012.

[4] 埃史尔. Java 编程思想[M]. 4 版. 陈昊鹏，译. 北京：机械工业出版社，2007.

[5] 梁勇. Java 语言程序设计[M]. 北京：机械工业出版社，2015.

[6] 何水艳. Java 程序设计[M]. 北京：机械工业出版社，2016.